はじめてのkintone（キントーン）

現場のための業務ハック入門

沢渡あまね 著
高木咲希 著

C&R研究所

■ 本書について

- kintoneは、サイボウズ株式会社の商標または登録商標です。
- 本書に記載されている製品名は、一般に各メーカーの商標または登録商標です。
- 本書では™、©、®は割愛しています。
- 本書は2020年7月現在の情報で記載されています。
- 本書は著者・編集者が実際に調査した結果を慎重に検討し、著述・編集しています。ただし、本書の記述内容に関わる運用結果にまつわるあらゆる損害・障害につきましては、責任を負いませんのであらかじめご了承ください。
- 本書の「ものがたり」は、企業や自治体の職場で実際に起こった出来事をもとにして作られたフィクションです。「ものがたり」に登場する団体・人物などの名称はすべて架空のもので、実在の人物・団体とは一切関係ありません。

プロローグ　4年目社員、みさかに課せられたミッション

——そりゃあ、私はフツウの会社員だ。100%やりたい仕事に巡り合えるなんて、はなから期待していない。多少の理不尽も仕方がないかなって思う。でもね、なぜよりによってそのミッション、私に降ってくるんですか⁉

みさかは不可解な気持ちを隠せなかった。思っていることがすぐ表情に出るタイプ。トイレの姿見に映った自分の曇り顔を見て、「への字口」を慌てて改める。

「でも、いったいなにをどうしたら……」

＊＊＊

株式会社設楽（したら）マシーナリー。郊外ののどかな一角に佇む、従業員80名の会社だ。主に国内の製造業の工場で使われる、生産設備や切削設備などの部材や消耗品を仕入れて販売している。昨年冬に都市部から自社倉庫とともに移転したばかり。3階建ての真新しい建て屋がピカピカと眩しいが、「高齢者未満、中堅以上」の社員が過半数を占める、典型的な地方の中小企業である。業務部 管理課。みさかは入社以来、ここで事務の総合職として働いている。そ

んなみさかに転機が訪れたのは、入社4年目を迎えた春のことだった。

「一宮さん。あなたに業務改善の旗振りをしてほしい」

部長の東栄から、朝イチの突然の声がけ。みさかは思わず目を丸くした。

「業務改善の旗振り？　この私が……ですか？」

東栄は大きくうなずき、説明を続ける。趣旨はこうだ。社屋の新築移転も一段落し、設楽マシーナリーはこれからさらなる事業拡大を進める。そのためには、いまの仕事のやり方を変えていく必要がある。とりわけ、管理課の業務がネックである。従来のオペレーションを見直し、ＩＴを使ってスリム化すること。その推進役を、みさかに担ってほしいと。白髪の上司は、眼鏡の弦を時折上げ下げしながら淡々と語った。

「は、はぁ……。でも、ＩＴならすでに十分に使っていると思いますけれど……」

みさかはとっさに、斜め後ろの執務スペースを指差した。まだ新築の匂いが残るフロアは、どことなくよそ行き感がしてぎこちない。

管理課では、Excelを使って受発注や売掛金、買掛金や在庫などの管理や業務指示を行っている。それでなにがいけないのか？　十分ＩＴを使えているのではないか？　東栄は静かに首を横に振る。

いまのオペレーションが優れいているとはとても言いがたい。営業など他部署とのコミュニケーションミスや、誤発注、在庫の確認ミス。それによる手戻りやロスもたびたび発生している。それらを改善してオペレーション効率を上げてほしい。東栄は語気を強める。しかしその言葉の節々がどうもひっかかる。心がないというか、どことなく台本を読んでいるような紋切り型な口調に感じるのだ。さては、外部のコンサルタントに入れ知恵されたのか？

それはいいとして、なぜ自分に振ってくるのか。みさかは釈然としない。

「若い人のほうが、ＩＴリテラシーが高くていいって、岡崎専務もおっしゃっていてね」

東栄はさりげなく役員の名前をちらつかせる。なるほど。これは部長の意思ではなく専務のオーダーというわけか。

……などと感心している場合ではない。ＩＴリテラシーが高い？　とんでもない。文系学部卒のみさかは、自他共に認めるＩＴ音痴。Excelに日々のデータを入力するのが精いっぱい。

勤怠管理システムだって、毎月操作がわからなくて先輩社員に聞きまくってなんとかしのいでいるくらいだ。先日など、自分のパソコンからＷｅｂサイトが閲覧できなくなり「インターネットが壊れた！」と大騒ぎ（単にＬＡＮケーブルが抜けていただけ）。システム担当を呆れさせたばかりだ。ＩＴのことなら、休憩時間にスマートフォンでひたすらゲームしている、羽布（はぶ）先輩のほうがよっぽど適任じゃないかしら。

——専務、あなたは大きな勘違いをなさっています！

とはさすがに言えなかった。

「とにかく一宮さんが中心となって、課内で相談しながら改善を進めていってください。まずは、自分が不便に感じているところ、大変だと思っている仕事から洗い出してみるといいんじゃないかな」

月末に、今後の進め方や必要な投資について提案すること。それだけ言い残すと、東栄は足早に去っていった。かくして、みさかの業務改善の旅が始まった。

＊＊＊

設楽マシーナリーの業務は、Excelの「管理表」を中心に回っている。それがすべてといっても過言ではない。みさかの所属する業務部管理課は同じ新社屋の中で1階と2階の2フロアに別れて仕事をしている。1階の担当者は主に受注業務を、2階の担当者（みさかもその一人）は管理全般を行う（11ページの図「設楽マシーナリーの業務の流れ」も参照してください）。

【受注受領】
顧客または営業担当者からメール、ＦＡＸ、電話などで受注を受信する〈業務部管理課1階の担当者〉

【受注情報伝達】
注文内容を確認し、2階の担当者に伝達する（所定の書式に記入、あるいはメモ書きや口頭で）〈1階の担当者→2階の担当者〉

【受注情報入力】
受注情報を管理表に入力する（レコード追加）〈2階の担当者〉

【在庫確認】
当該商品の在庫情報（後述）を確認し、在庫状況および納期を確認する〈2階の担当者〉

【受注回答】
在庫状況および納期を顧客または営業担当者に回答する（メール、ＦＡＸで）〈2階の担当者〉
【発注情報入力】
在庫がない場合、必要在庫数を物流部の担当者と調整し、メーカーに発注するための情報（単価／数量／希望納期など）を管理表に入力する〈2階の担当者〉
【発注指示】
メーカーに商品を発注する（メール、ＦＡＸで）〈2階の担当者〉

ここに在庫情報と入出荷情報が加わる。在庫管理および商品の入出荷管理は物流部の仕事だ。物流部は倉庫全般を管理している。

【在庫情報入力】
各商品の在庫を管理表に入力する〈物流部〉
【入荷情報入力】
メーカーに発注した商品について、入荷日などを管理表に入力する〈物流部〉

【出荷情報入力】

顧客に発送する商品について、出荷日などを管理表に入力する〈物流部〉

メーカーに発注した商品が入荷されているかどうか？　顧客に出荷されたか？　発注元である業務部管理課の担当者や営業担当者などが、直接倉庫に足を運んで確認することもある。管理表のデータがアップデートされていなかったり、誤りがたびたびあるからだ。


【入荷確認】

メーカーに発注した商品が入荷されているかを確認する。〈業務部管理課の担当者〉〈営業担当者〉など

【出荷確認】

顧客に商品が出荷されているかを確認する。〈業務部管理課の担当者〉〈営業担当者〉など

ちなみに倉庫および物流部の執務室は、新社屋とは県道を一本はさんだ向かいにある。業務部や営業部の担当者は、倉庫や物流部に用事がある都度、新社屋の階段を昇り降りし道を横断しなくてはならない。

さらに毎月末、営業部の担当者と経理部の担当者が顧客への請求／メーカーへの支払いを

するためにもExcelの管理表を参照する。

【請求データ確認】
顧客に請求するデータを確認／抽出する
【支払データ確認】
メーカーに支払うデータを確認／抽出する

業務部管理課（1階、2階）、営業部、物流部、経理部、フロアも建て屋も離れた担当者が、管理表を軸に業務を遂行しているのだ。管理表は業務部管理課、みさかと主任の金山(かなやま)の2人が主管担当として管理している。とはいえ、金山は他のプロジェクト業務にかかりきりで、最近ではみさか一人が担当しているようなものだ。

ご多分に漏れず、データ（レコード）量は日に日に増える。さらに、各部あるいは担当者の趣向で管理項目そのものがある日突然追加される。かくして、Excelの管理表は縦に横にと長くなり続ける。こうなると、必要な情報を探し出すだけでも大変だ。ほかにもさまざまな問題がある。

◉設楽マシーナリーの建物・部署の配置

新社屋
3F 経理部
2F 業務部管理課 みさかが所属する課
1F 業務部管理課 営業部
倉庫
物流部
県道

◉設楽マシーナリーの業務の流れ

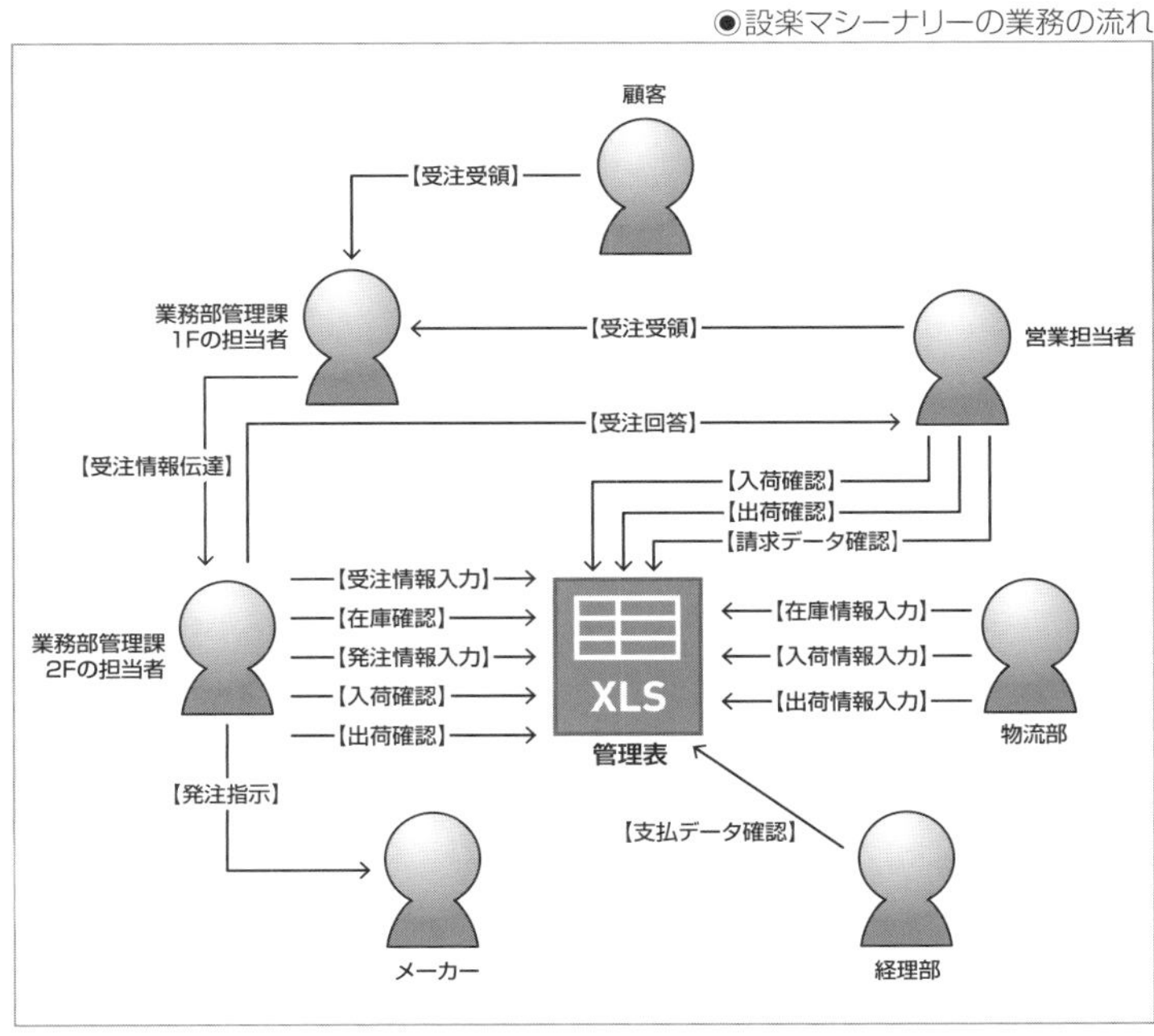

- データの転記ミス、記入漏れ

↓メール、FAX、電話、口頭など管理表に記入する、データのインプットがバラバラ

- データの読み違い、見間違えによるオペレーションミス

↓Excelの行も列も長くなり視認性が日に日に悪くなる。

- データが誤って上書きされる

↓各担当者が、自管理対象以外のデータを誤って上書きしてしまうことも

- 情報が正しく更新されない

↓在庫情報がアップデートされず、あるはずの在庫がないなどのトラブルも

- 動作が日に日に重たくなる

↓データ量の増大に伴って

- 過去の情報を参照できない

↓過去データを定期的にアーカイブ(別ファイルにして保存)しているが、その情報を見るためにアーカイブされたファイルを開いて検索しなければならない

- 属人的なファイル管理

↓現状、みさか一人で管理している。みさかが休むとメンテナンスされないことも。

●脆弱なデータバックアップ
→データは2日に1回、みさかが手動でUSBメモリーにバックアップしている。たびたび、やり忘れも発生。USBメモリーの紛失リスクも心配

冷静に書き出してみると、お世辞にもきれいな業務フローとはいえない。なおかつ、まるで綱渡りのようなオペレーションである。会社の規模が小さかったころは、Excelファイルひとつでもよかったのかもしれない。しかし、いつまでもその運用を続けるわけにはいかない。ましてや、事業拡大を目論んでいるならなおのことだ。

「うむむ。現状と問題点はなんとなく把握できたけれど、どこからどう手をつければいいのやら……」

そこで、みさかははたと思い出した。確か東栄は「ＩＴを使って業務をスリム化しろ」と言っていた。そうだ、ＩＴの専門家に相談すればよいのだ。

そう思うが早いか、インターネットを検索し、たまたま目についたＩＴベンダーに問い合わせのメールを送ってみた。すぐに返信があり、県内の支社から2人の営業マンがみさかを訪問した。みさかは、大まかな現状を伝え概算見積とＩＴ化の提案をもらうことにした。

＊＊＊

2週間後。ベンダーから届いた見積書を見て、みさかは絶句した。

「概算金額：5000万円」

5000万円。設楽マシーナリーのような中小企業が、はいそうですかと二つ返事で支払える金額ではない。試しに、課長の熱田(あつた)に見積書をチラりと見せたところ「ウチの会社にそんな投資ができるわけないだろう」と鼻で笑われた。

金額だけではない。100ページはあると思われる提案書がみさかに圧をかける。専門用語だらけ、難解な図表だらけ。内容をまったく理解できない。わかるところだけ拾い読みしただけでも、とても多機能で重厚なシステムを作ろうとしていることがわかる。ここまで大げさな仕組みを作る必要があるのか？

極め付けが「プロジェクトの前提条件」と書かれたページ。そこには、こんな一行が綴られていた。

『本ITプロジェクトには、業務全体を俯瞰して改善提案できるエース級社員のアサイン（参画）をお願いいたします』

みさかはがっくりと肩を落とした。荷が重過ぎる。いや、みさかでなくても業務全体を俯瞰できるエース級の社員など、ましてや改善提案できる人など社内のどこを探しても見当たらない（いたら、こんな状況になっていない）。

「はぁ、やっぱり私に業務改善なんて無理だよ……」

窓の外を吹く春風が、みさかのため息と切なくシンクロした。

登場人物紹介

一宮みさか（25歳）

中堅の生産設備メーカー、設楽マシーナリーの入社4年目の社員。業務部 管理課に所属。入社以来、部品の受発注の事務オペレーションを担当。

ある日突然、役員から「ＩＴを使った業務改善」の旗振りを命じられるも、文系学部出身でＩＴの知識はさっぱり。いきなり途方に暮れる。

社屋の移転に伴い、片道1時間30分に延びた通勤時間も悩みの種。

帰宅後、「人をダメにするソファ」でくつろぐひとときが至福。

瀬戸 遥（31歳）

業務ハッカー。みさかと同じ地域のＩＴ企業に勤務。クライアントに対し、kintoneを駆使した業務改善を行う。

「業務ハック勉強会」の運営もこなすデキる中堅社員。初参加のみさかに声をかけ、相談にのるように。いわば、みさかの頼れる社外メンター。

趣味はボルダリングと陶芸。

東栄（とうえい） 和豊（かずとよ）（62歳）

設楽マシーナリー 業務部部長。専務（岡崎）の指示を受け、みさかに設楽マシーナリーの業務改善の旗振り役を任命する。

性格はいたって温厚。

熱田（あつた） 守（まもる）（49歳）

設楽マシーナリー 業務部 管理課 課長。みさかの直属の上司だが、業務改善プロジェクトは部長の東栄が音頭を取っているため「我関せず」の姿勢を貫く。

面倒くさいことに巻き込まれたくない、保守的な性格。金魚の世話が趣味。

岡崎（おかざき） 仁（ひとし）（66歳）

設楽マシーナリー 専務。業務改善プロジェクトのオーナー。

ゴルフ好き、日焼け顔、スーツ&ネクタイの典型的な昭和時代のビジネスマン。アクが強め。

CONTENTS

第1章　kintoneとの出会い

「はあぁ……いったい、どうしたらいいものか」

うららかな春の陽気とは裏腹に、みさかの気持ちは下り坂だった。

帰り道、何の気なしに駅ナカの書店に入ってみる。みさかは、ビジネス書の棚の前に立ち、業務改善やＩＴ関連の書籍を手当たり次第、手に取ってみた。しかし、どうにもこうにもピンと来る本がない。「宇宙語図鑑かよ！」とつっこみたくなるような、外資系カタカナ用語が並ぶ小難しいマネジメント論。大げさなシステム導入を促す本。気合・根性論しか書いていない本。どれも、いまのみさかの課題を解決してくれそうにない。

そうこうしているうちに「蛍の光」が流れ始め、優しく退店を促される。みさかもそっと店を出た。

なんの収穫もないまま帰宅。郊外のアパートの２ＤＫの部屋は、一人暮らしにはちょっぴり広すぎるくらいだがみさかはそれが気に入っている。何事にも余白が大事。みさかのポリシーだ。設楽マシーナリーの旧社屋はここから1駅15分と理想過ぎるくらいの立地だった。この春までは。今回の移転で、無慈悲にも星の彼方に去ってしまう。それでもみさかはこの部屋を去るのがどうしても惜しく、片道1時間半かけて通勤する選択をした。

シャワーを浴び、お茶を淹れて「人をダメにするソファ」に身を沈める。床に就く前の、ささやかな至福のひとときだ。いつもは音楽を聴いてリラックスするのだが、今日はついついスマートフォンを手に取ってしまう。このままくつろいで眠ってしまったら負けな気がしたためだ。ブラウザを立ち上げ、「業務改善」「書籍」「勉強会」などのキーワードで検索してみた。やはり、なかなかよさそうな情報がヒットしない。半ばあきらめの気持ちで、ダラダラと検索結果の画面をスクロールし続ける。

そのとき、ある言葉がみさかの瞳に飛び込んできた。

『業務ハック勉強会』

「業務ハック……って、なにこれ？」

思わず声を上げるみさか。ハッカー集団の、悪だくらみイベントかなにかだろうか？　みさかは、訝しげな表情でリンクをクリックする。

従来の大掛かりな経営改革や業務改善ではなく、今どきのクラウドサービスを活用することで、身近なできることから改善を始め、繰り返し型で業務改善を進めていくための手法やノウハウをまとめて「業務ハック」と呼んでいます。

どうやら、ＩＴシステムに不正アクセスする人たちの集まりではないらしい。目をパチクリさせながら続きを読む。そして、次の文章がみさか心をとらえた。

業務ハックで大事にしているポイントは以下の3つです。
・小さく始めて繰り返す（大げさにしない、まず始めることが大事）
・クラウドを使いこなす（むやみに作らない、所有よりも利用すること）
・現地現物ありきの改善（働く人に無理させない、現場が楽しいことが大事）

――これよ、こういうのを私は求めていたんだわ！

業務ハック勉強会は、東京、大阪、名古屋、富山など、全国各地で開催されているらしい。そして、なんと次の土曜日に近くで開催されるではないか。これは運命の出会いとしか言いようがない。思うが早いか、みさかは業務ハック勉強会の参加ボタンを押していた。こういうのは勢いが大事だ。

＊＊＊

そして、迎えた土曜日。

申し込んだときの勢いはどこへやら、みさかは朝から浮かない表情をしていた。

それもそのはず。冷静に考えてみれば、みさかはいままで社外の勉強会など行ったことがないのだ。どうも、初対面の人たちが大勢いる場は落ち着かない。

——なんで、私、申し込んじゃったんだろう。貴重な週末の時間をわざわざ犠牲にしてまで……。


軽く後悔。とはいえドタキャンするのも申し訳ない。みさかは昔から義理堅い性格なのだ。

半ば責任感だけに後押しされ、開始時間ギリギリで会場のビルに足を踏み入れる。

コワーキングスペースというのだろうか？　まるでカフェスペースのような明るいフロアが会場だった。明るいグリーンやブルー地の、オシャレな椅子も心地よい。みさかは、一番後ろの席に目立たないようにそっと腰掛ける。まもなく、開始時間になり最初のプレゼンテーションが始まった。

今日の勉強会では、４人が業務改善の取り組みや事例を発表するらしい。

煩雑な事務手続きをスリム化した会計事務所の話、勤怠管理をラクにした中小製造業の総務人事担当者の話、地元の商社の業務ハックストーリー、ＩＴベンチャー企業のプログラマーによる業務改善の成功談と失敗談……業種も職種もさまざまだが、どれも大企業の大げさなシステム導入の話などではない。設楽マシーナリーとみさかの課題感にフィットしそうで楽しみだ。

ただ一つ、共通しているのは皆、〝kintone（キントーン）〟という仕組みを使った業務改善の話をしているところだ。〝kintone〟とはサイボウズ株式会社が開発・提供する、クラウドサービスらしい。みさかは、なんとなくお正月のおせち料理を思い出す。祖母がこしらえてくれる、栗きんとんが大好物なのだ……などとオヤジギャグ交じりの食欲に浸っている場合ではない。

登壇者の話を、みさかは食入るようにして聞いていた。Excelで管理していた仕事のやり方を、kintoneを使ってスリム化した話。これは大いに参考になる。そうかと思えば、ＡＰＩ（エーピーアイ）（？）をどう使いこなすかのような技術的な話もあったり。そういうのは、みさかは苦手だ。

すべてのプレゼンテーションが終わり、みさかはノートにびっしり書きなぐった文字を見返す。そろそろ帰ろうかと思って、立ち上がろうとしたそのとき。運営メンバーと思しき女性が声をかけてきた。

「今日の勉強会はどうでしたか？」

ロングヘアがきれいで特徴的だ。みさかより5～6歳年上？　黒のスーツとパンツ姿が眩しい。

「あっ、は、はい！　あの……その……」

不意をつかれたみさか。返す言葉を必死に探す。

「私、瀬戸（せと）遥（はるか）と言います。業務ハッカーをしています」

みさかの動揺をよそに、遥はさっと名刺を差し出す。

遥もまた地元のＩＴ企業に勤務。主に中小企業のクライアント向けに、業務改善、もとい業務ハックの活動をしているとのこと。kintoneを駆使しながら、スパゲティのようにぐちゃぐちゃになった仕事のやり方を仕組み化していくのが醍醐味とのことだ。みさかは、自分の身の上や仕事の内容を楽しそうに語る遥の横顔に圧倒されていた。自分は、初対面の相手にここまで心を開くことができない。とりあえず、やっとこさ名刺を探し出して自己紹介だけは済ませた。

「よかったら、一宮さんの課題も聞かせてもらえないかしら？」

今度はみさかにボールが投げられる。

遥のペースにのせられ、みさかは悩み事を打ち明けることにした。Excelの管理表で業務管理をしていること。その管理がもう限界であること。専務のオーダーで、ＩＴを使った業務改善の命を受けたこと。とはいえ、大規模なシステム投資はできないこと。説明していて、だんだん悲しくなってきた。いったい出口があるのだろうか？

「うんうん。まさに、kintoneを試してみる価値があるんじゃないかな？　ざっと聞いた限りでは、一宮さんの会社のいまのExcelベースの業務の課題、ほとんど解決する気がする」

さわやかな笑顔を返す遥。みさかの心のモヤモヤとはまるで真逆だ。遥は説明を続ける。

■Excel管理をkintoneに置き換えるメリット5つ(assumed by 業務ハッカー 瀬戸遥)

①クラウドサービスであること

●場所を選ばず、外出先や自宅などどこからでもいつでもデータの更新ができる

●シートを重複して作成する必要がない

②ドラッグ&ドロップでアプリケーションを作成できる

●Excelのような、関数によるシート間の相互参照不要(kintoneでは設定で可能)

③視認性の良さ

●重たくならない

●データを入力するフォーマットが揃う

●データを更新する側のリテラシーが必要ない。気軽に登録できる

④表が「横長」にならない

●コメント機能を使えば、各担当者がメモを残すために列を追加する必要がない→表が横長になることを回避できる

⑤検索できる

なるほど。これならば設楽マシーナリーの課題は解決できそうな気がする。希望の光が見えた。しかし、みさかにとって最も大きな不安は拭えない。

「あ、でも。私、プログラミングとかやったことないんです。Excelの関数すら怪しいんですよ……」

みさかは声のトーンを落として、そっとささやく。エンジニアやプログラマーがいる勉強会で、ＩＴシロウトをカミングアウトするのは申し訳なくて気が引ける。空気を読まない残念な子みたいで。やはり、自分にはＩＴソリューションを使うのはハードルが高いかな。こういうイベントは、自分には場違いだったかしら。そう言いかけたとき、遥は一層のニッコリ笑顔で答えた。

「大丈夫。私も文系卒で、ＩＴドシロウトだったんだから。みさかちゃんなら、やれる！」

みさかに合わせ、小声になる遥。いつの間にか、みさかは「一宮さん」ではなく「みさかちゃん」になっていた。

解説

kintoneとは

kintoneとは、サイボウズ株式会社が提供する、業務用のアプリを自社で簡単に構築できるクラウド型のサービスです。

「アプリ」とは作業の目的に応じて利用するソフトウェアのことです。いままでExcelで管理していた売上状況や、紙で記録していた電話での問い合わせ記録などをkintoneでは「売上管理アプリ」や「問い合わせ管理アプリ」のようなアプリを作成し、そこにデータを登録していくことで情報の管理を行います。

アプリ作成にはプログラミングといったシステム開発の専門的な知識が必要ないため、業務知識を持った担当者自身で業務に合わせたアプリを作っていくことができます。

自社の業務に合うパッケージ製品が見つからないが、ゼロから開発するには時間も費用もかかりすぎると感じている方の新しい選択肢としてkintoneは多くの企業に活用されています。

kintoneの特徴

kintoneには大きく3つの特徴があります。

1つ目の特徴はアプリを**ドラッグ&ドロップといった簡単なマウス操作で作成**することができるという点です。このアプリは用途に合わせていくつも作成することが可能です。

2つ目の特徴は**コミュニケーション機能**が備わっているという点です。

「コメント機能」を活用すれば、アプリ内に保存されているデータをもとにした質疑や報告を気軽に行えます。また、「スレッド」と呼ばれる掲示板機能を用いることで、社員同士の情報の共有やディスカッションをkintone上で円滑に行うことが可能です。

◉ドラッグ&ドロップで作成できる

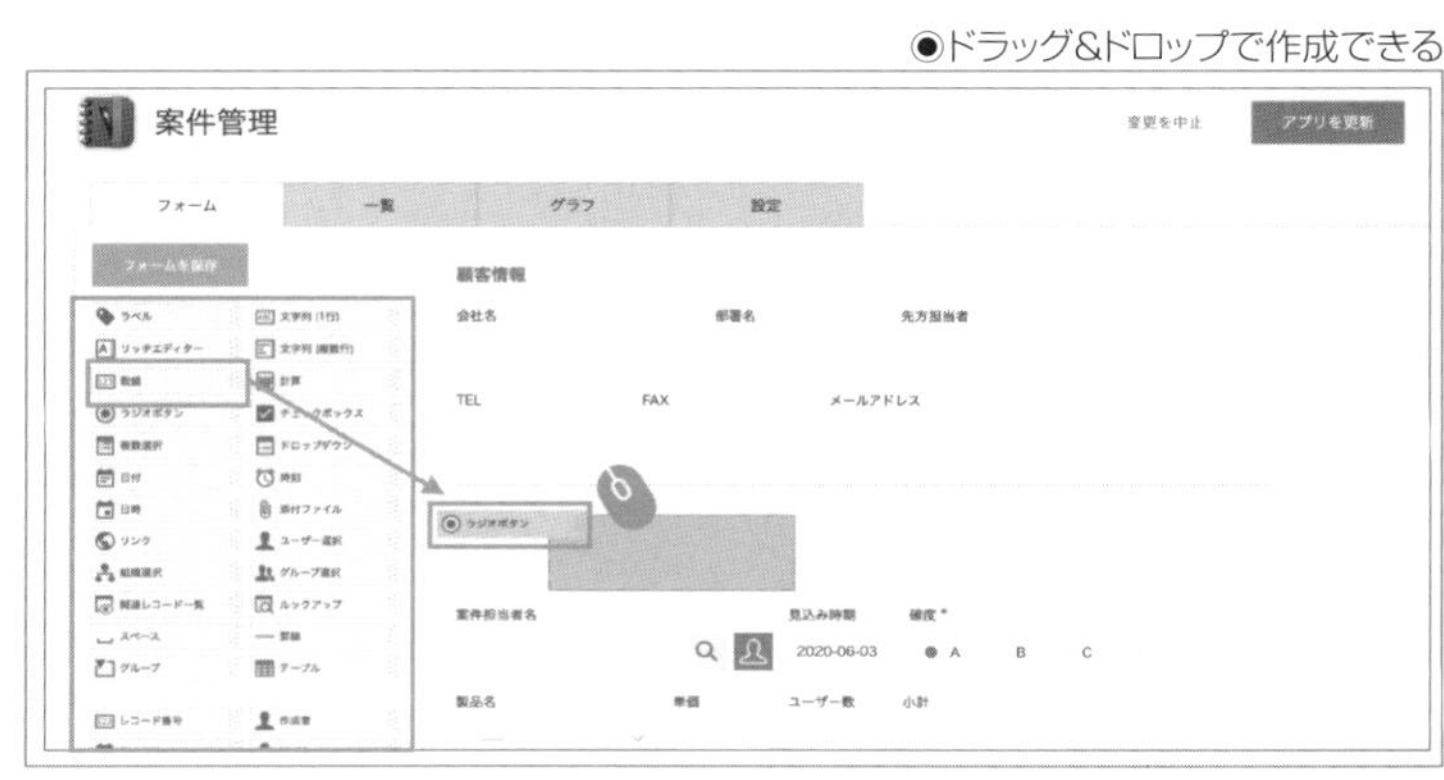

◉コメント機能

顧客情報
会社名
山田商事株式会社
部署名
営業部
先方担当者
山田 貴文
TEL
043-848－XXXX
FAX
043－848－XXXX
メールアドレス
yamada@sample.com
ラジオボタン
sample1
案件情報
案件担当者名
藤原 士朗
見込み時期
2018-09-07
確度
B
製品名
Office
単価
1,500
ユーザー数
200
小計
300,000
コメントする
2: 藤原 士朗
@高木 咲希
ありがとう！
連絡しときます。
いいね！
返信
1: 高木 咲希
@藤原 士朗
山田さんより連絡ありました。
折返しよろしくお願いします！
いいね！
返信

◉スレッド

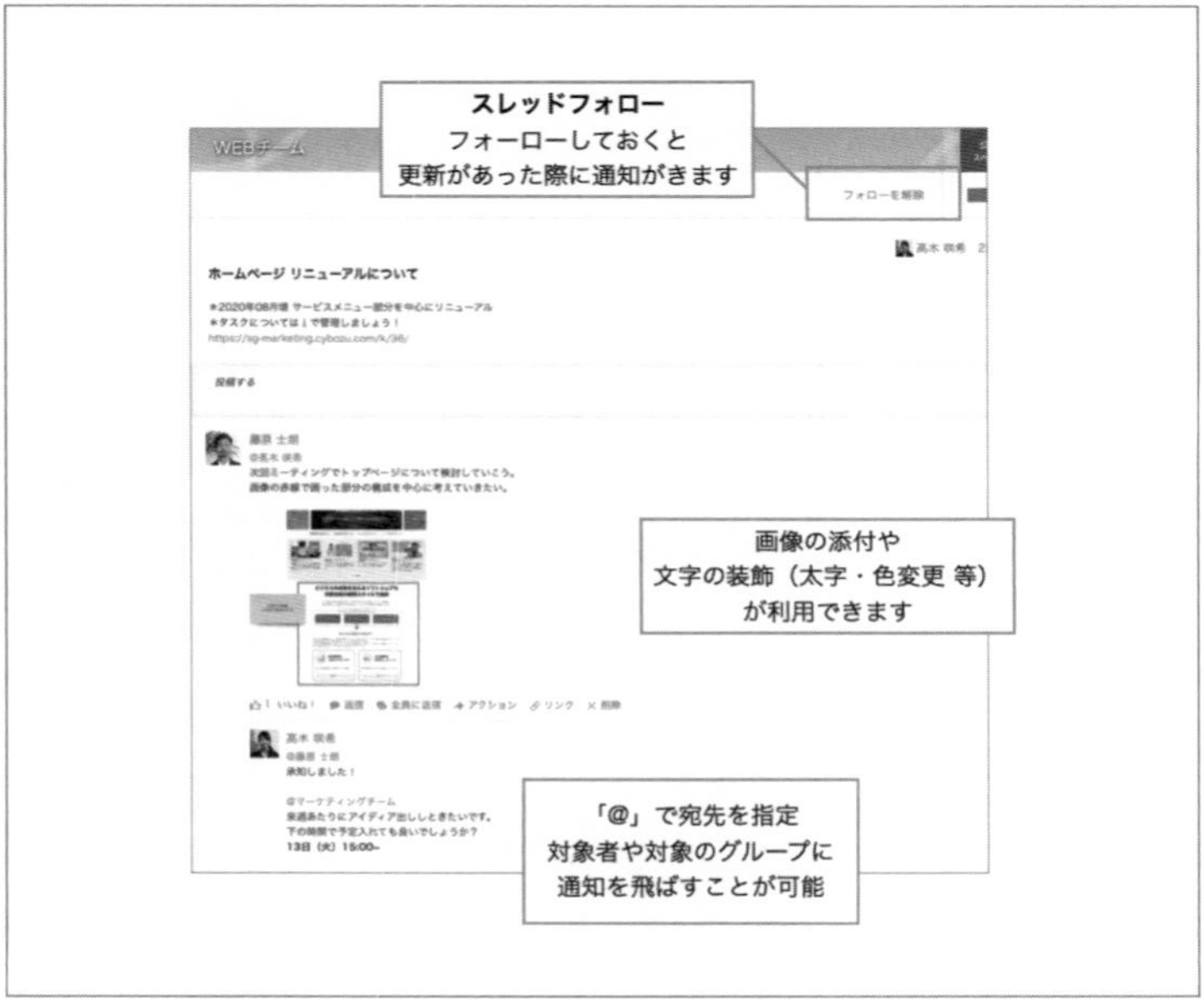
スレッドフォロー
フォローしておくと
更新があった際に通知がきます
WEBチーム
ホームページ リニューアルについて
画像の添付や
文字の装飾（太字・色変更 等）
が利用できます
「@」で宛先を指定
対象者や対象のグループに
通知を飛ばすことが可能

3つ目の特徴は**クラウド型のサービス**であるという点です。関係者が同じ情報を共同で閲覧や更新できる状態になるため、情報の「属人化」や「二重管理」といった問題を防ぐことができます。また、時間や場所を選ばず利用できるというのもクラウド型サービスならではのメリットです。

kintoneでできること

kintoneはさまざまな業務で活用することができます。具体的な利用ケースとしては次のようなものです。

- 不動産業で扱っている物件を管理する
- 輸入雑貨販売業者で受発注管理をする
- ユーザーサポートで問い合わせ状況を管理する
- 社労士事務所で手続きを管理する
- 税理士事務所で顧客情報を管理する

●クラウド型のサービス

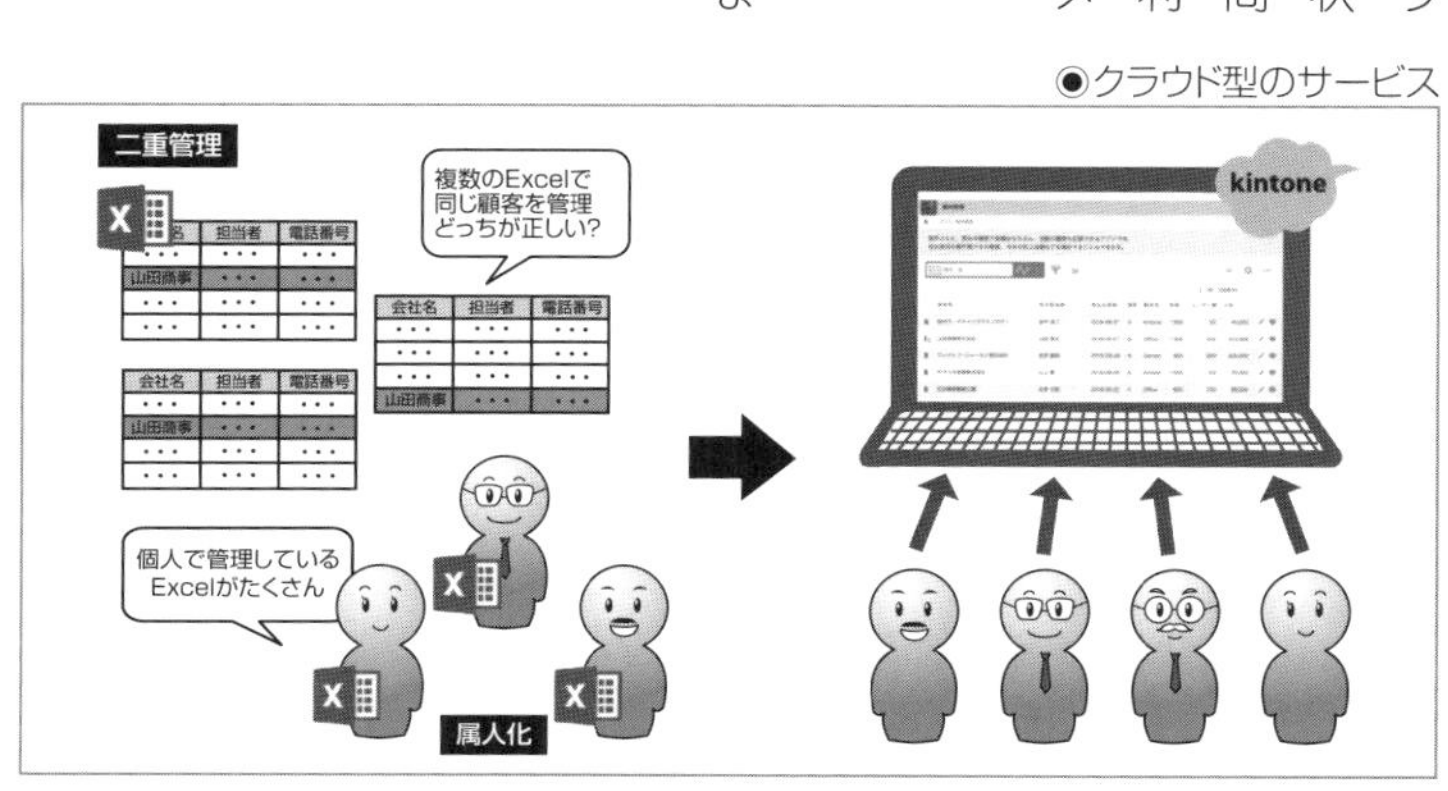

不動産管理会社で扱っている物件を管理する

物件のメンテナンス状況をExcel上で管理していました。物件のオーナーから状況確認の連絡が入った際に、複数の物件を所有するオーナーからはまとめて状況を聞かれることが多い中、Excelの管理シートではオーナーごとには情報がまとまっておらず、素早く状況を確認することが困難でした。

また、物件に係るさまざまな紙書類がファイルにまとまっていたり、場合によってはデータとしてパソコン上のフォルダに保存されていたりと散らばっていたため、必要な情報を探すのに時間がかかっていました。

kintoneで物件やメンテナンス状況、オーナー情報を管理するようになり、それぞれのアプリから関連する各アプリのレコードを一覧で見えるようになりました。また、散らばっていた書類を添付フィールドに保存するようになり物件情報からすぐに必要な情報にたどり着けるようになりました。

●オーナーが管理する物件情報が素早く見える

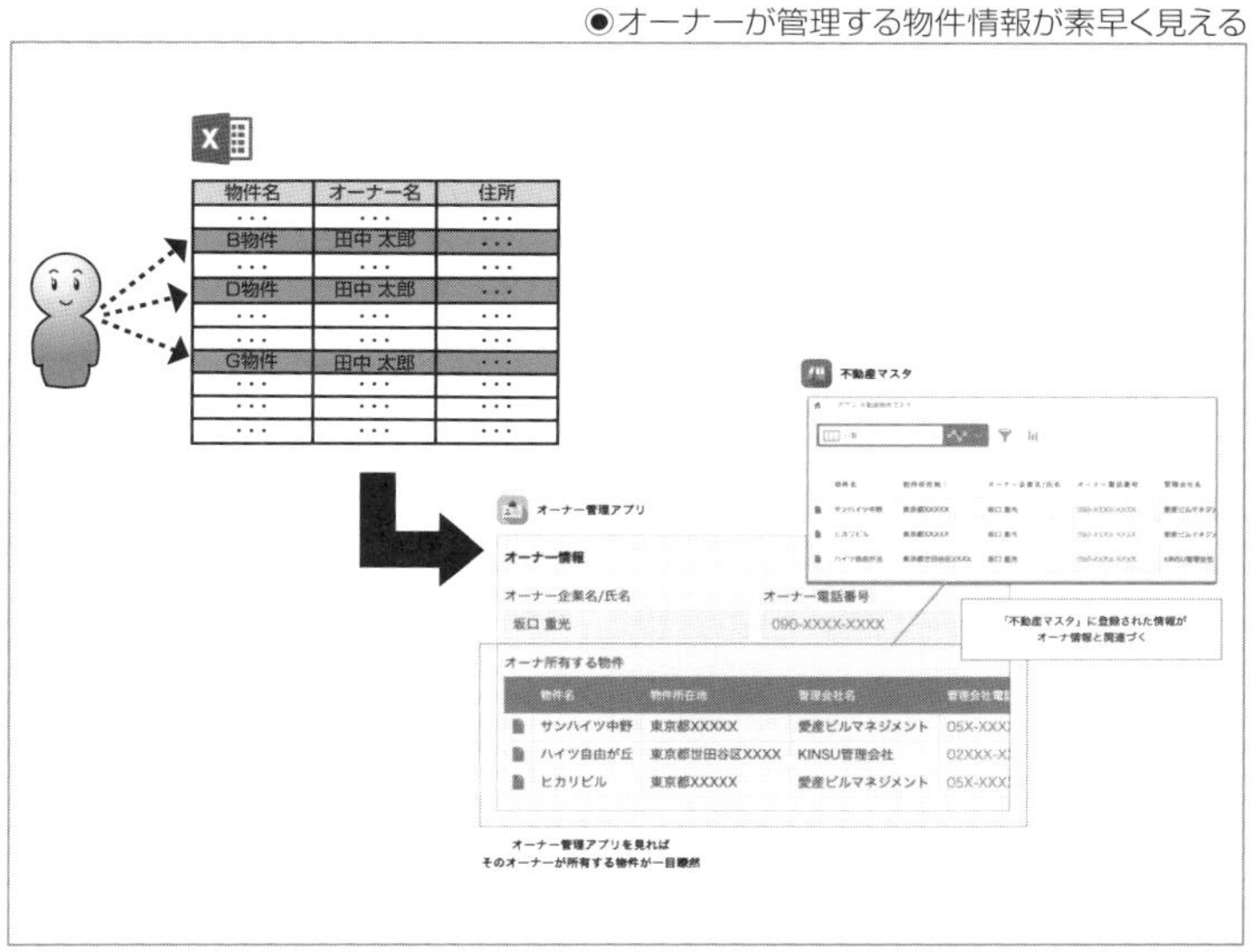

●散らばっていた情報がkintoneにまとまる

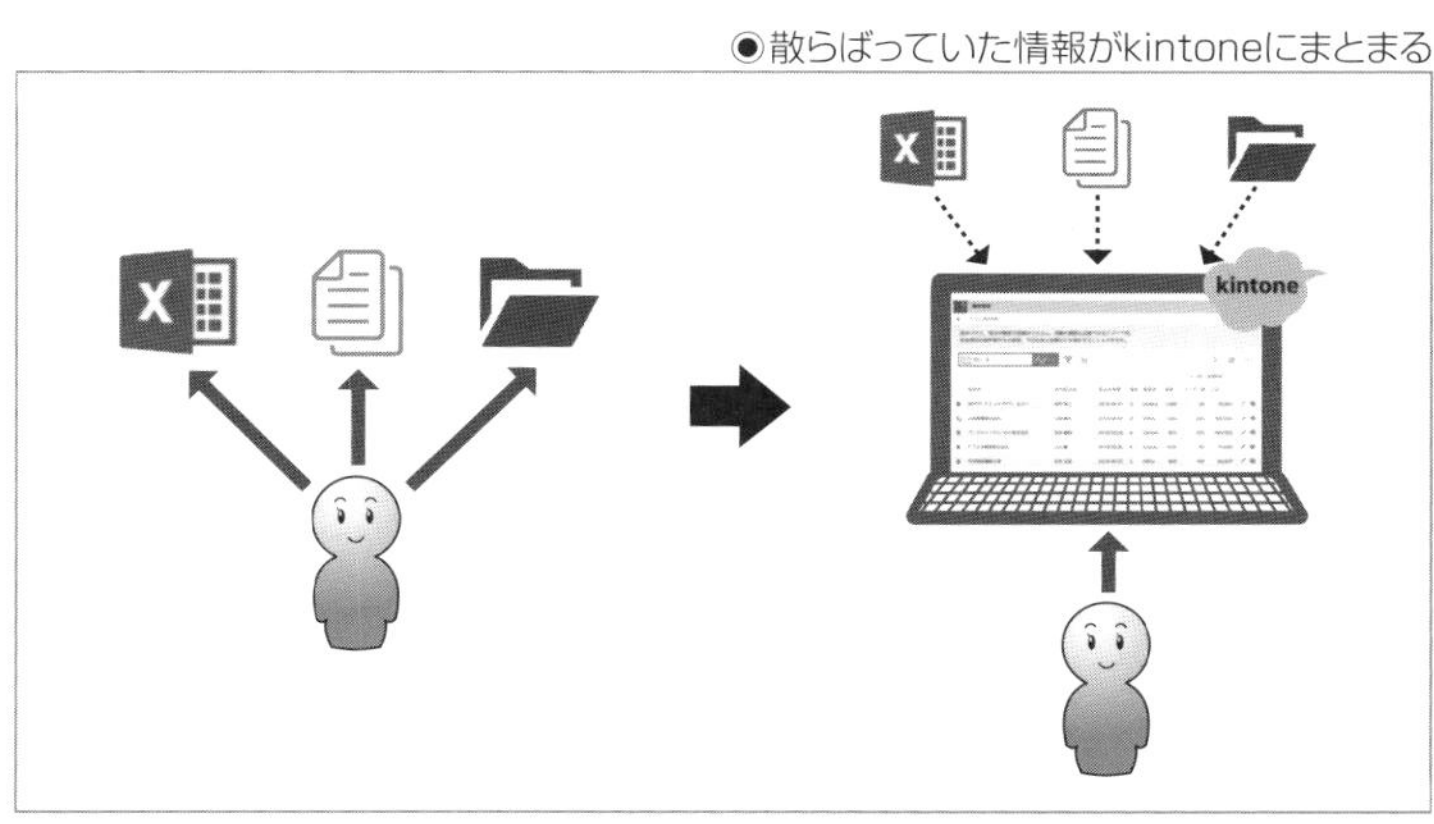

輸入雑貨販売業者で受発注管理をする

日本の本社から、中国にいるバイヤーに雑貨を発注しその雑貨を日本にて販売する業務を行っていました。日本の社員と中国のバイヤーとの受発注のやり取りをメールにExcelを添付する形で行っていたのですが、添付するExcelを作成したり、送られてくるExcelをまとめるのに手間がかかっていました。

マクロを組んで自動化を進めてはいましたが、少しの変更でそのマクロが動かなくなるなど、思うように作業効率が上がらず困っていました。

kintone導入したことで受発注管理アプリを通し、日本の社員と中国のバイヤーとで状況を共有することができるようになりました。いままで毎日行っていたExcelの作成や転記作業がなくなり、マクロが動かなくなるというストレスから解消されました。

また、商品画像の共有が容易になったことで配送前の商品チェックも以前より精度の高い形で行えるようになり、無駄な配送を減らすことにもつながりました。

◉状況の共有ができるようになる

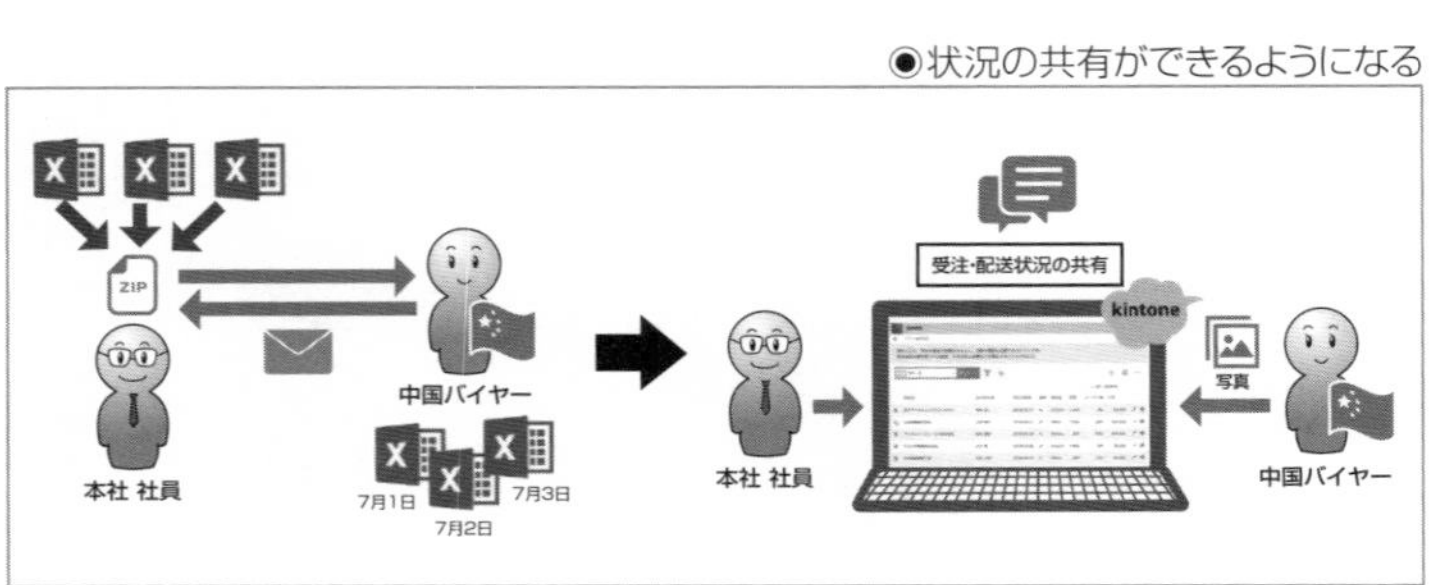

ユーザーサポートで問い合わせ状況を管理する

複数人の担当者で問い合わせ対応を行うのに、どの問い合わせを誰がどこまで対応しているのかを管理する必要がありました。

Excelにて対応状況を一覧化し管理していたのですが、メールで問い合わせ回答を行い、その後、Excel上の進捗を更新するという流れの中で業務の忙しさから更新忘れが発生するようになりました。

また、サービスメニューが増えていく中で問い合わせ時にユーザーに質問する項目の管理数が増え、横に長く見にくいExcelになってしまっていました。

kintoneとkintone連携サービスを利用することによって、いままでExcelとメールの2つで作業していた工程をkintone上にまとめることができるようになりました。

kintone上でメールが送れ、その履歴がレコード内に残るようになったため、過去どのような対応を行ったのかということを簡単に把握できるようになり、よりチームで協

●改善前と改善後

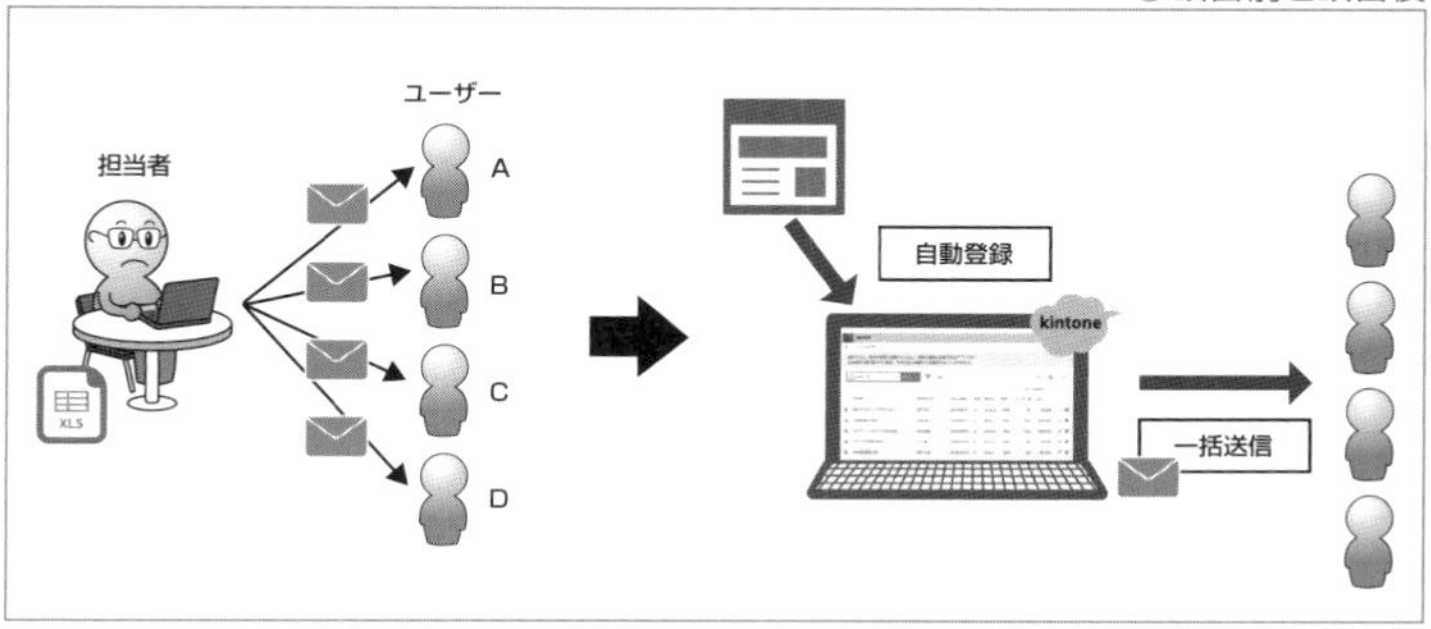

●連携サービス（メール送信サービス）

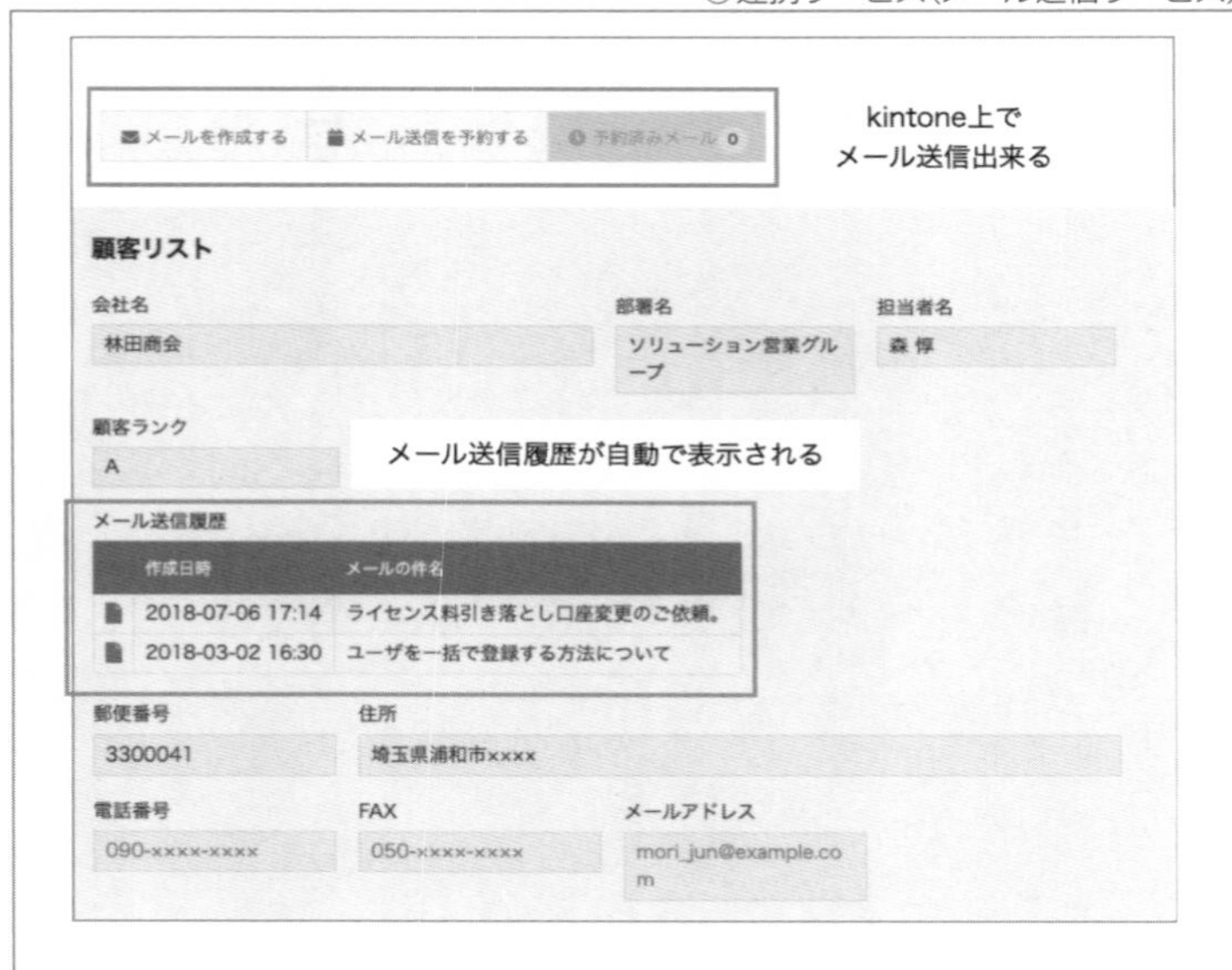

●視認性の高い一覧／一覧の絞り込み機能

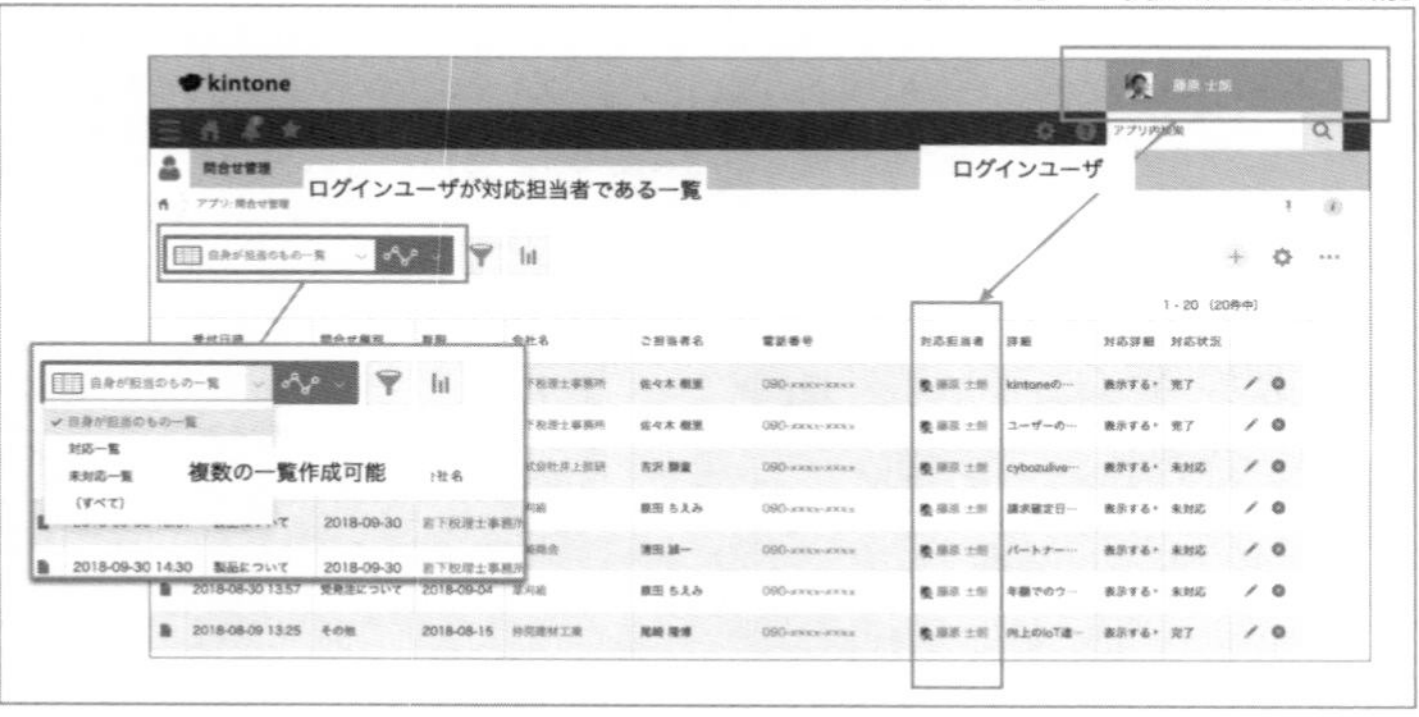

力して対応が可能になりました。

横に長く見にくくなっていたデータも、kintoneを使えばサービスに合わせた一覧を作成することができるため、必要な情報に絞った視認性の高い一覧表になりました。

社労士事務所で手続きを管理する

入社や退職に伴うさまざまな手続き業務や、各種助成金の申請業務など、対応期限に注意を図りながら進めていく必要のある業務が多数存在する中で期限の管理方法について良い方法はないだろうかと検討していました。

また、顧客からの依頼時期が重なることも多い業務なので、各手続きの進捗状況を確実に管理し対応漏れを防ぐ工夫をしたいと考えていました。

kintoneの「リマインド通知」機能を活用すれば、対応期限が近づいた手続きをお知らせしてくれるので対応遅れを防ぐことが可能です。

Excelなどの表形式での管理表では、1つの手続きで複数の書類作成の進捗状況を表現するのが難しいですが、kintoneであれば手続き全体の進捗状況と各種申請書類の進捗状況をとらえに視覚的にわかりやすい形で管理できます。

◉リマインド機能

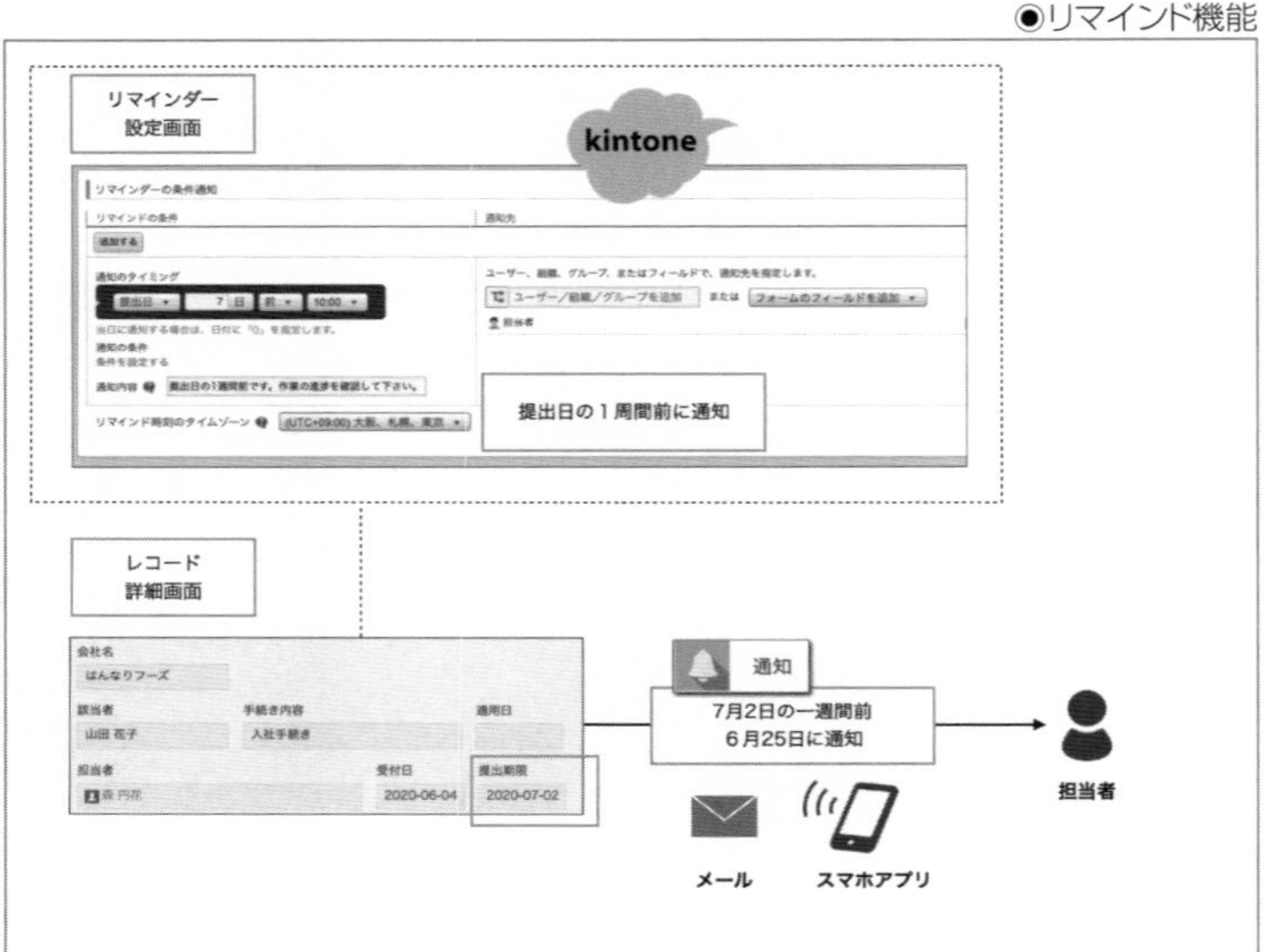

◉各書類の手続き状況

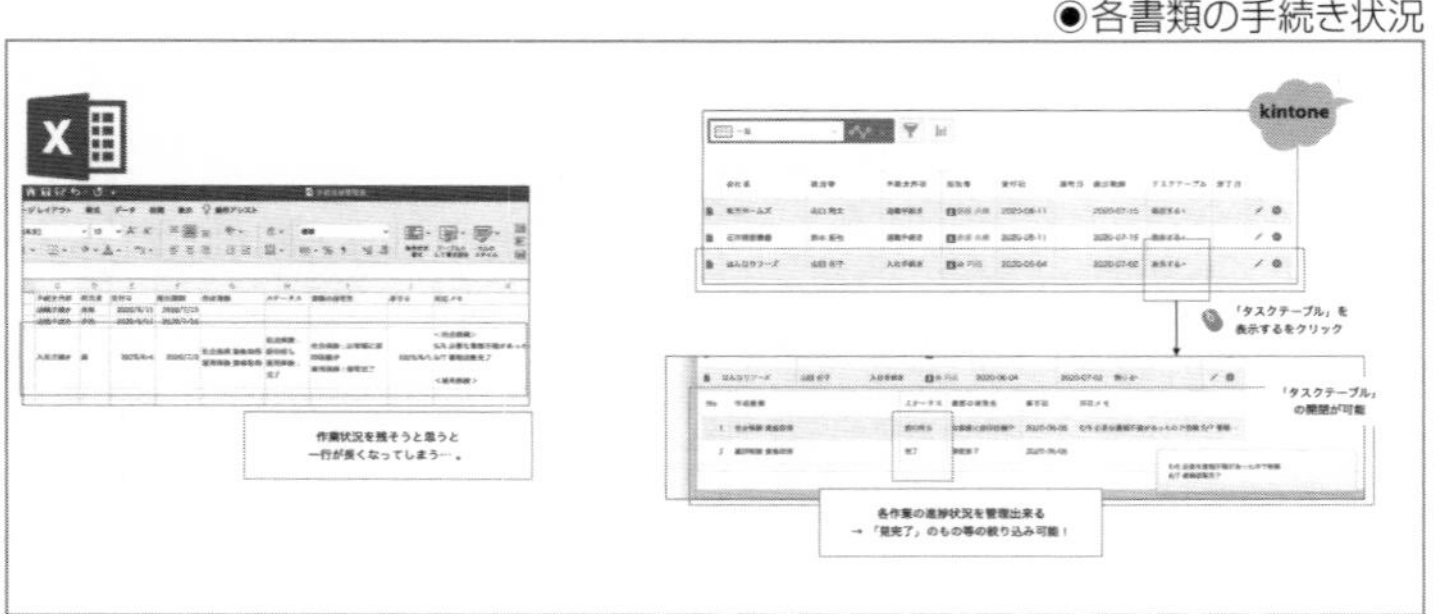

税理士事務所で顧客情報を管理する

各税理士が顧問として顧客を担当していたところ、顧客の情報や作業状況が税理士各々に閉じてしまい、事務所全体の状況が把握できていない状態になっていました。簡単な顧客の質問に対する返答も担当の税理士しかできない状況や、サポート業務を担っている従業員が税理士の指示待ちで作業が止まってしまうことに課題を感じていました。

kintoneを導入して情報の一元化を進めたことで、事務所の状況をみんなが把握できるようになりました。その結果、顧客対応な

◉完了した案件の確認

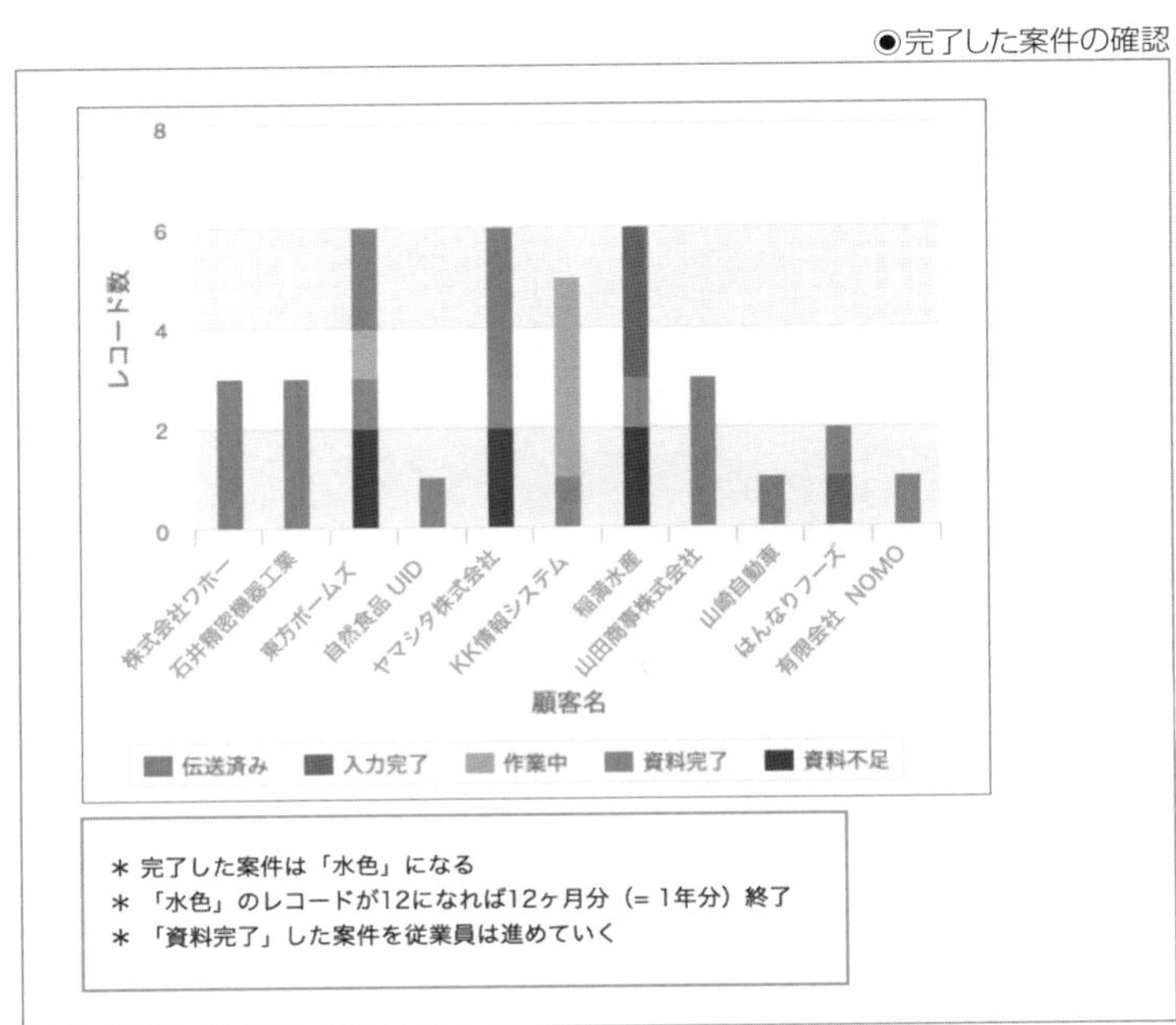

◉不足書類の一覧

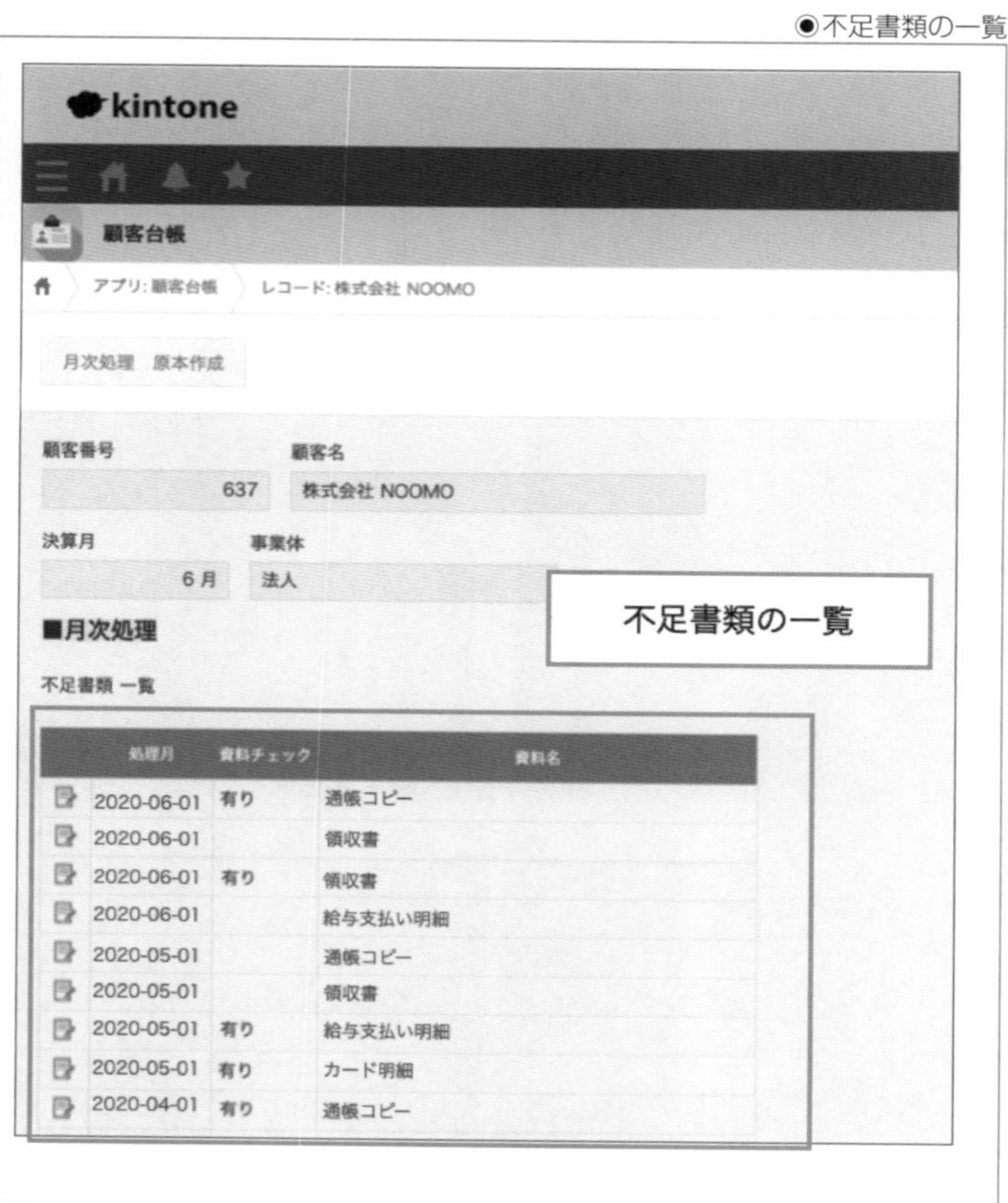
kintone
顧客台帳
アプリ: 顧客台帳
レコード: 株式会社 NOOMO
月次処理 原本作成
顧客番号
637
顧客名
株式会社 NOOMO
決算月
6 月
事業体
法人
不足書類の一覧
■月次処理
不足書類 一覧
処理月
資料チェック
資料名
2020-06-01 有り 通帳コピー
2020-06-01 領収書
2020-06-01 有り 領収書
2020-06-01 給与支払い明細
2020-05-01 通帳コピー
2020-05-01 領収書
2020-05-01 有り 給与支払い明細
2020-05-01 有り カード明細
2020-04-01 有り 通帳コピー

ど従業員同士が協力して進められる場面が増えていきました。

サポート業務のメンバーは各顧客の状況を見て進めるべき作業を見つけ、主体的に業務を進められるようになりました。

顧客情報をどこからでも確認できるようになったことで、顧客先に訪問する際にも必要書類を漏れなく集めやすくなるといった効果も現れました。

kintoneを始めるには

kintoneはWebブラウザで利用できるサービスで、お手持ちのパソコンさえあれば特別になにか準備する必要はありません。

kintoneのサイトからお試し申し込みを行うと、登録したメールアドレスにkintoneへの招待が届きます。申し込み後、数分後には利用開始可能です。

利用開始から30日間は無料でのお試しが可能です。お試し期間中は通常のkintoneと同様の機能をすべて利用できるので、自社の業務にフィットするかどうか実際に利用して検討するのがよいでしょう。

お試し期間終了後は1ユーザー780円～(5ユーザーから契約可能)で使うことができます。

通常のプランのほか、学校法人や公共団体などを対象にした「アカデミック/ガバメントライセンス」や特定非営利活動法人や特定の条件を満たした任意団体を対象にした「チーム応援ライセンス」など、条件にあてはまる場合に費用感を抑えた利用が可能です。詳しくはサイトをご覧ください。

- kintone - サイボウズの業務改善プラットフォーム

  URL https://kintone.cybozu.co.jp/

第2章　Excelをkintoneのアプリに置き換えてみる

みさかは手始めに、kintoneの体験版を使ってみることにした。遥によると、30日間は無料でkintoneを試してみることができるとのことだ。これならコストをかけずにあれこれ検証することができる。

「無料なの？　だったら、いいんじゃないの」

課長の熱田は、大して興味なさそうな口ぶりでみさかの申し出をあっさり承認した。無料でお試しできるのは本当にありがたい。コスト面のメリットももちろんだが、なにより社内の稟議をすっ飛ばせるのが大きい。設楽マシーナリーの社内手続きはなにかと面倒くさい。事務作業が苦手なみさかには大助かりだ。

早速、無料体験版のアカウントを取得することにする。Ｗｅｂ画面に会社情報、メールアドレスなどいくつかの項目を登録しただけであっさり登録が完了した。

送られてきたメールの指示に従い、kintoneの画面にログインしてみる。ソフトウェアのインストールが必要なのかと思いきや、Ｗｅｂブラウザでログインして利用できるようだ。kintoneのロゴが付された、Ｗｅｂ画面が表示された。黄色いバナーが眩しい。この画面を

「ポータル」と呼ぶらしい。

「はてさて、どうしたものか」

みさかはポータルを前に固まった。

「まずはアプリを作成してみようか」

遥のアドバイスが脳裏をよぎる。アプリとは、データを蓄積、参照、編集、加工などするための機能と考えればよい。いまのみさかの現状でいうと、エクセルの管理表を代替するものだ。ポータルに「アプリ」と書かれた一角がある。クリックすると「kitnoneアプリストア」なる画面に切り替わった。

大きく、3つの選択肢が表示される。

- すぐに使えるアプリをさがす
- あたらしくアプリをつくる
- おすすめのアプリ

無料のアプリを入手することもできるようだ。みさかは、「あたらしくアプリをつくる」の下にある「Excelを読み込んで作成」をクリックした。すぐさま、読み込む対象のExcelファイルを選択する画面が表示される。恐る恐る、Excelの管理表を選んでみた。果たしてこの重厚長大なExcelファイルを受け入れてくれるのだろうか？　みさかは余計な心配しつつ、アップロードされるのを待つ。するとどうだろう。Ｗｅｂの画面上に、管理表とまったく同じテーブル（表）が表示されたではないか。

「おおっ！　なんか、気持ちいい！」

ただExcelファイルを取り込んだだけなのに、みさかは小さな快感を覚えていた。

……と、感慨にふけっている場合ではない。

取り込んだExcelの1行目に設定したフィールド（項目名）に対する、フィールドタイプを選択する画面がある。「文字列（1行）」「文字列（複数行）」「数値」「ドロップダウン」「日付」「ラジオボタン」などの選択肢が表示される。ここから、Excelの各データ項目の表示形式や入力形式を指定していくようだ。よくわからないフィールドタイプもあったが、意味のわかるものだけを直感的に選択するだけでそれらしいものができあがった。

「こんなんでいいのかな？」

画面を見ると、登録した内容が一覧に表示される。「発注社名」「発注数」「受注受付日」「発注者電話番号」……。どうも並び順がバラバラでわかりにくい。

みさかはアプリの設定画面を眺めてみる。「一覧」というページを見つけた。ここから、見栄えを編集できそうだ。

＊＊＊

ここまでで、Excelの管理表をkintoneのアプリとして再現することはできた。しかし、いまの状態は管理表にすでに登録されたデータが表示されているにすぎない。ここに新たにデータを登録したい。

みさかは、画面を見ながら試しにデータを登録してみることにした。そこで、みさかはあることに気づいた。

「価格情報、毎回手入力するのは面倒くさいな……」

いまの設楽マシーナリーのオペレーションでは、商品の価格情報は別のExcelに価格を決める担当者が登録し（いわゆる「価格テーブル」「価格マスター」のようなもの）、入力する人はそれを見ながら手で直接価格表に打ちこんでいる。当然、ミスや手戻りも発生する。みさかは、これをやめたい。確かExcelには「ＶＬＯＯＫＵＰ関数」なんてものもあった。他のファイルやシートに定義したデータをひっぱってこれる便利な機能だ。kintoneではそれができるのだろうか？　オンラインのガイドを眺めてみると、「ルックアップ」なるフィールドの存在が目に留まる。そこにはこんな説明があった。

――商品情報を他のアプリから取得して、効率的に入力する方法。

「これよ、これだわ！」

思わずつぶやくみさか。向かいの席の羽布が怪訝そうな顔をする。

みさかは、前任者が残した関数が複雑に絡み合うまるでスパゲティナポリタンのようなExcelを思い出し、それを読み解くのに苦戦していた経験を思い出した。関数が盛り盛りにされたExcelは、日に日にファイルサイズと動作が重くなるのもいただけない。kintoneでも設定が複雑、かつ重たくなるのではないかと少し尻込みしつつ、ガイドに従って「ルックアップ」

を設定してみることにした。

1分足らずで設定完了。みさかの懸念は杞憂だった。

こうなると、俄然楽しくなってくる。気分がのってきたみさか、あれこれとアプリを工夫したくなってきた。使う人の目線で、あれこれとトライ&エラーをしてみる。

- 過去の注文履歴を閲覧できるようにしたり
- 配置を変えてみたり

「パズルのようで、なんだか楽しいな」

気がつけば、掛け時計の針は定時を回っていた。

解説

アプリとは

第1章でも説明しましたが、「アプリ」について改めて説明をします。

アプリと聞くとスマートフォンで利用しているようなアプリをイメージする方が多いかと思いますが、kintoneにおけるアプリはそれとは異なり、情報をまとめて入れておくことができるExcelのようなものです。

Excelのシートでは顧客や案件ごとの情報を1行にまとめ、各列に管理する項目を記入していくと思います。kintoneではエクセルでいうところの「行」を「レコード」、「列」を「フィールド」と呼び、複数のレコードが保存されている場所を「アプリ」と呼びます。

●レコードとフィールド

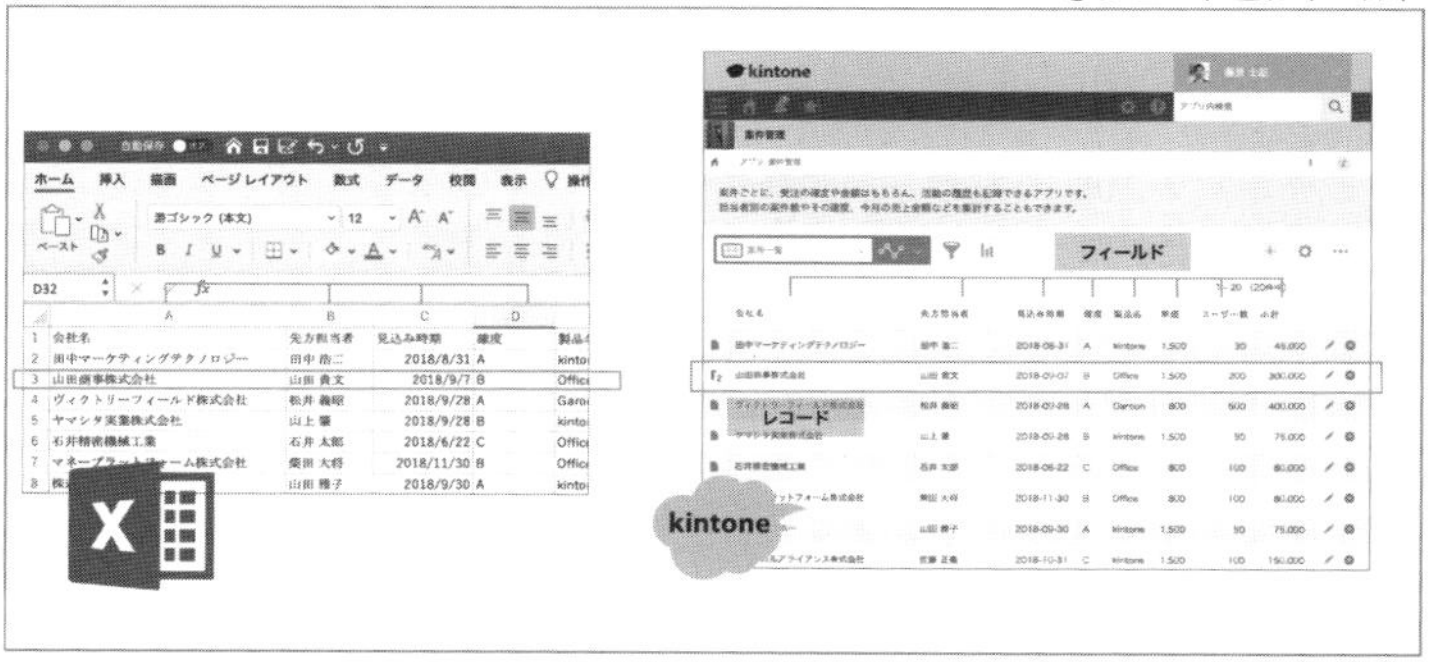

アプリの作成方法

第2章ではアプリ作成に夢中になるみさかの姿が描かれていました。みさかは「**業務で利用していたExcel／CSV読み込む方法**」でアプリを作成していましたが、アプリの作成方法にはその他に「**既存のアプリを利用する方法**」と「**はじめから作成する方法**」の2つの方法があります。

kintoneには「営業アプリ」や「顧客リスト」など、さまざまな業務で利用できるアプリがあらかじめ用意されているので、初めて利用する場合でも手軽にアプリの利用を開始することができます。

なお、どの作成方法においても一度で完璧なアプリを作成することは難しいです。kintoneは**アプリの項目を追加したり並び替えたりと気軽に変更できるのが特徴のサービス**なので、みさかのように実際にデータを入力してみたり、入力後の表示を確認しながら改善を重ねるとよいでしょう。

既存のExcel／CSVを読み込む方法

既存のExcel／CSVを読み込む方法では、次のように操作します。

❶アプリの作成からページから、作成方法を選択する

❷画面の説明に沿って、Excelをアップロードする

❸Excelの各列でどのフィールドを利用するのかを選択する

◉アプリの作成画面の表示

アプリ

＋

すべてのアプリ

アプリ一覧の
「＋」ボタンからアプリを追加

集計確認

名簿

新しいアプリ

◉作成方法の選択

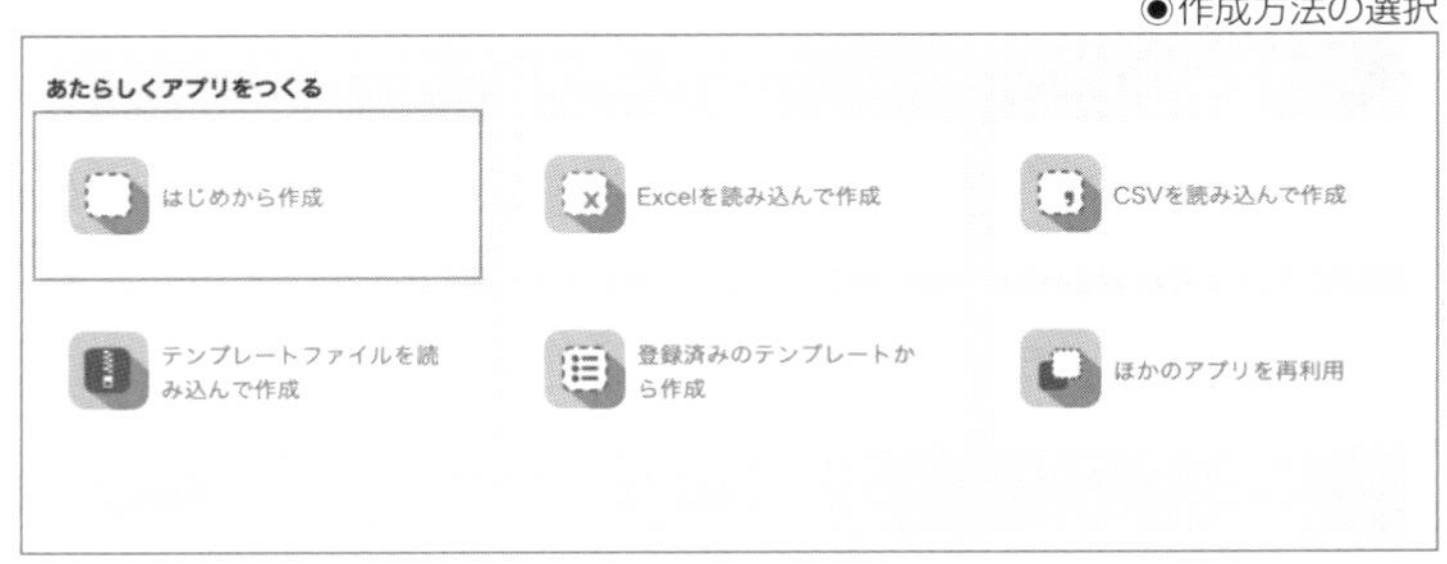

◉Excelファイルのアップロード

kintone アプリストア ＞ Excelを読み込んで作成

Excelファイルの準備（2／3）

Excelファイルを開いて、内容を整形してください。

- ☑ 一度に読み込めるのは、右の図のような1つの表のデータです＊
- ☑ 表の1行目に項目名を入力します（1文字以上128文字以下）＊
- ☑ 表の2行目以降にデータを入力します＊
- ☑ 読み込むデータは1,000件以内にします＊
- ☑ ファイルサイズは1MB以内です＊
- ☑ 表の横幅は500列以内にします＊
- ☑ Excelファイルは、パスワードなしのExcelブック形式（.xlsx）です＊

すべてにチェックを入れる

※ Excelファイルが1,000件、1MB、500列の制限を超える場合の対処方法については、ヘルプを参照してください。

Excelファイルを準備する手順の詳細は、ヘルプでも説明しています。

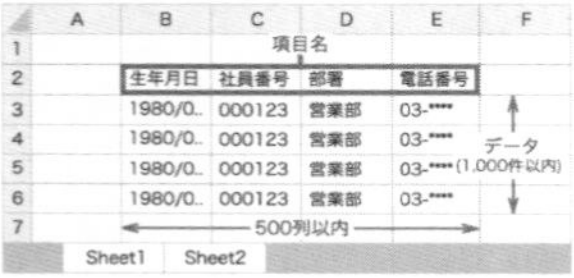

	A	B	C	D	E	F
1			項目名			
2		生年月日	社員番号	部署	電話番号	
3		1980/0..	000123	営業部	03-****	
4		1980/0..	000123	営業部	03-****	データ
5		1980/0..	000123	営業部	03-****	(1,000件以内)
6		1980/0..	000123	営業部	03-****	
7		← 500列以内 →				

Sheet1　Sheet2

作成をやめる　1つ前の画面に戻る　アップロードへ進む

◉フィールドの選択

❸ アプリの作成を開始する

フィールドタイプを設定して、画面の一番下にある「作成」ボタンをクリックしてください。

ただし、フィールドタイプの設定は必須ではありません。自動的に、おすすめのフィールドタイプが選択されています。

フィールド名（項目名）	フィールドタイプ
顧客名	文字列 (1行)
2019	数値
2020	数値
目標生産性	数値
単価	文字列 (1行)

既存のアプリを利用する方法

「既存のエクセル／CSVを読み込む方法」と同様に作成ページから作成方法を選択します。既存のアプリを利用する方法には2種類あり、「ほかのアプリを再利用」、またはサイボウズが提供する「サンプルアプリの利用」が可能です。

●ほかのアプリを再利用

「ほかのアプリを再利用」を選択した場合、自社で作成した既存のアプリをコピーしてアプリを作成することが可能です。

❶利用したいアプリを選択する

❷タイトルやフィールドを適切な内容に変更する

◉利用したいアプリの選択

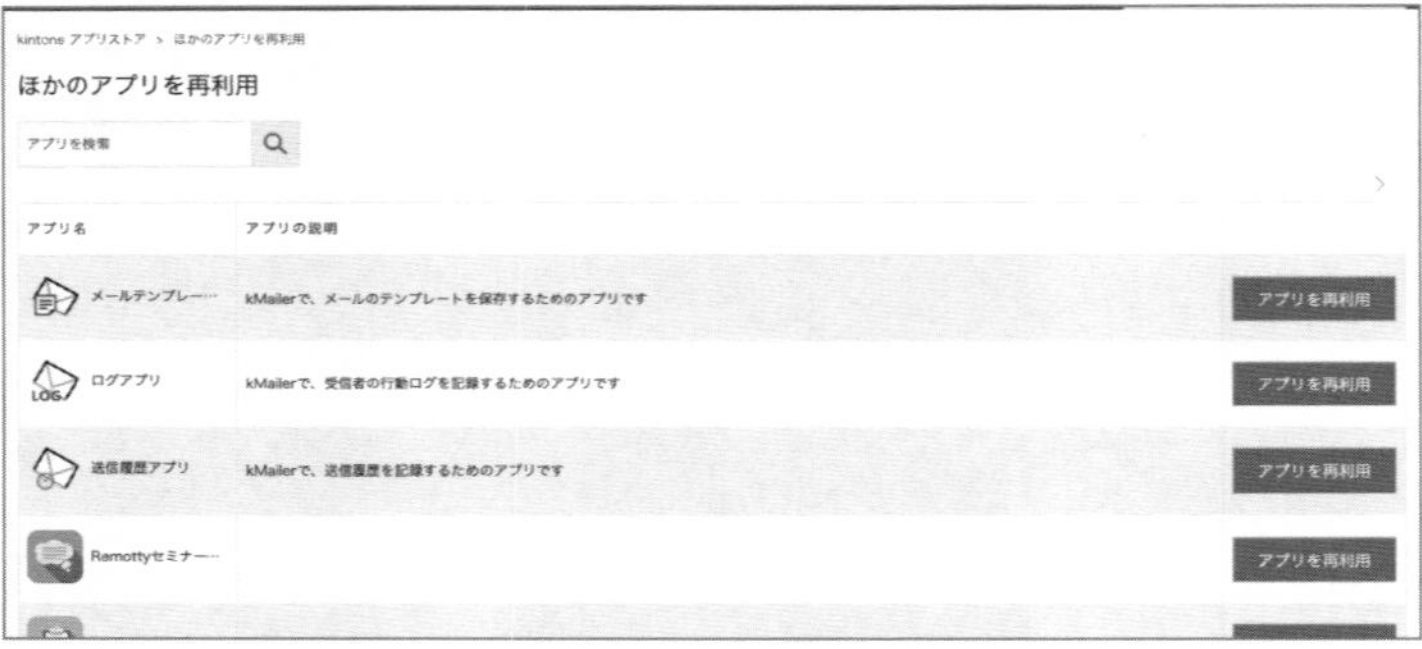

◉タイトルやフィールドの変更

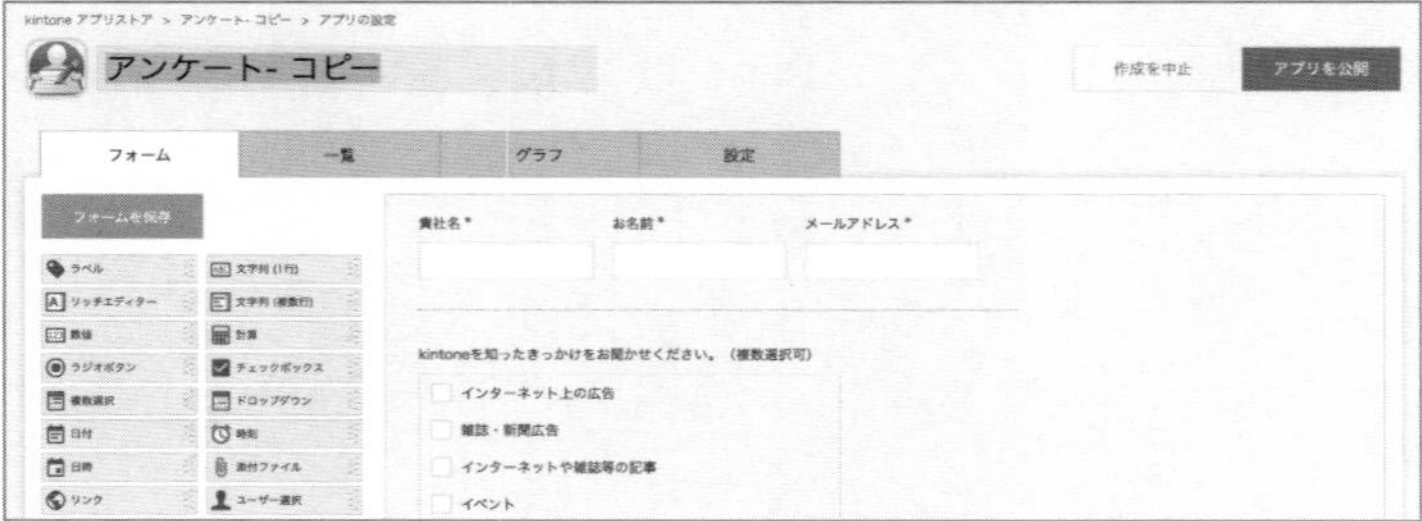

●サイボウズのサンプルアプリの利用

サイボウズのサンプルアプリを利用する場合、作成ページのメニューから業務や業種に絞ってサンプルアプリを検索することができます。

100種類以上のアプリから自社の業務にあった、アプリを探せます。

●業務や業種を絞って検索できる

●見つかったアプリの例

はじめから作成する方法

「はじめから作成する方法」は、ゼロから自由に作成するための方法です。ゼロからの作成はハードルが高いように感じますが、そんなことはありません。kintoneを使い始めると最も利用する作成方法です。

❶作成ボタンを押す

他のアプリ作成同様に作成ボタンを押し、「はじめから作成」を選択します。

❷アプリ名を変更とアプリのアイコンを変更する

アプリ名は作成時には「新しいアプリ」と設定されているので「問い合わせ管理アプリ」など、適切な名前に変更してください。

アプリ名の横に表示されているアイコンをクリックすると、アイコンを変更することができます。トップページでアプリが一覧で並んだときに必要なアプリが見つけ

◉「はじめから作成」を選択する

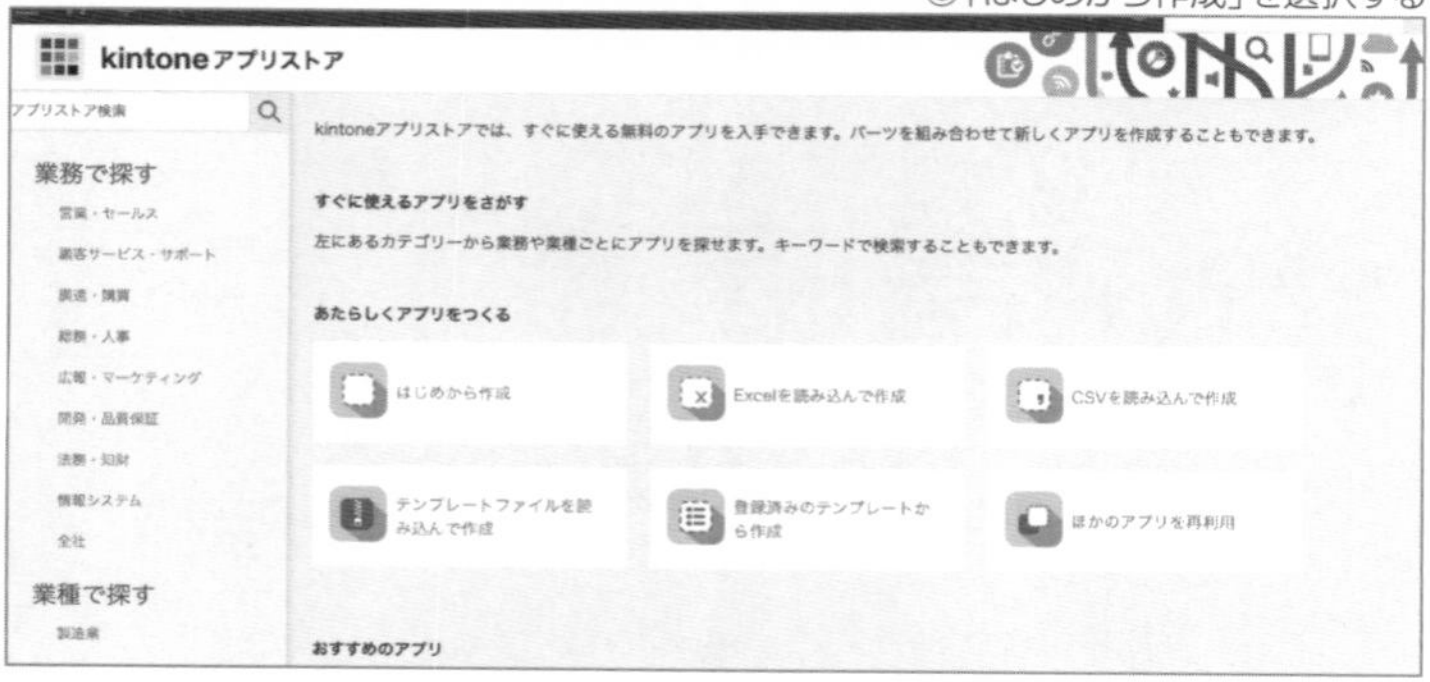

kintone アプリストア

アプリストア検索

業務で探す
営業・セールス
顧客サービス・サポート
調達・購買
総務・人事
広報・マーケティング
開発・品質保証
法務・知財
情報システム
全社
業種で探す
製造業

kintoneアプリストアでは、すぐに使える無料のアプリを入手できます。パーツを組み合わせて新しくアプリを作成することもできます。

すぐに使えるアプリをさがす

左にあるカテゴリーから業務や業種ごとにアプリを探せます。キーワードで検索することもできます。

あたらしくアプリをつくる

はじめから作成
Excelを読み込んで作成
CSVを読み込んで作成
テンプレートファイルを読み込んで作成
登録済みのテンプレートから作成
ほかのアプリを再利用

おすすめのアプリ

◉アプリ名の変更

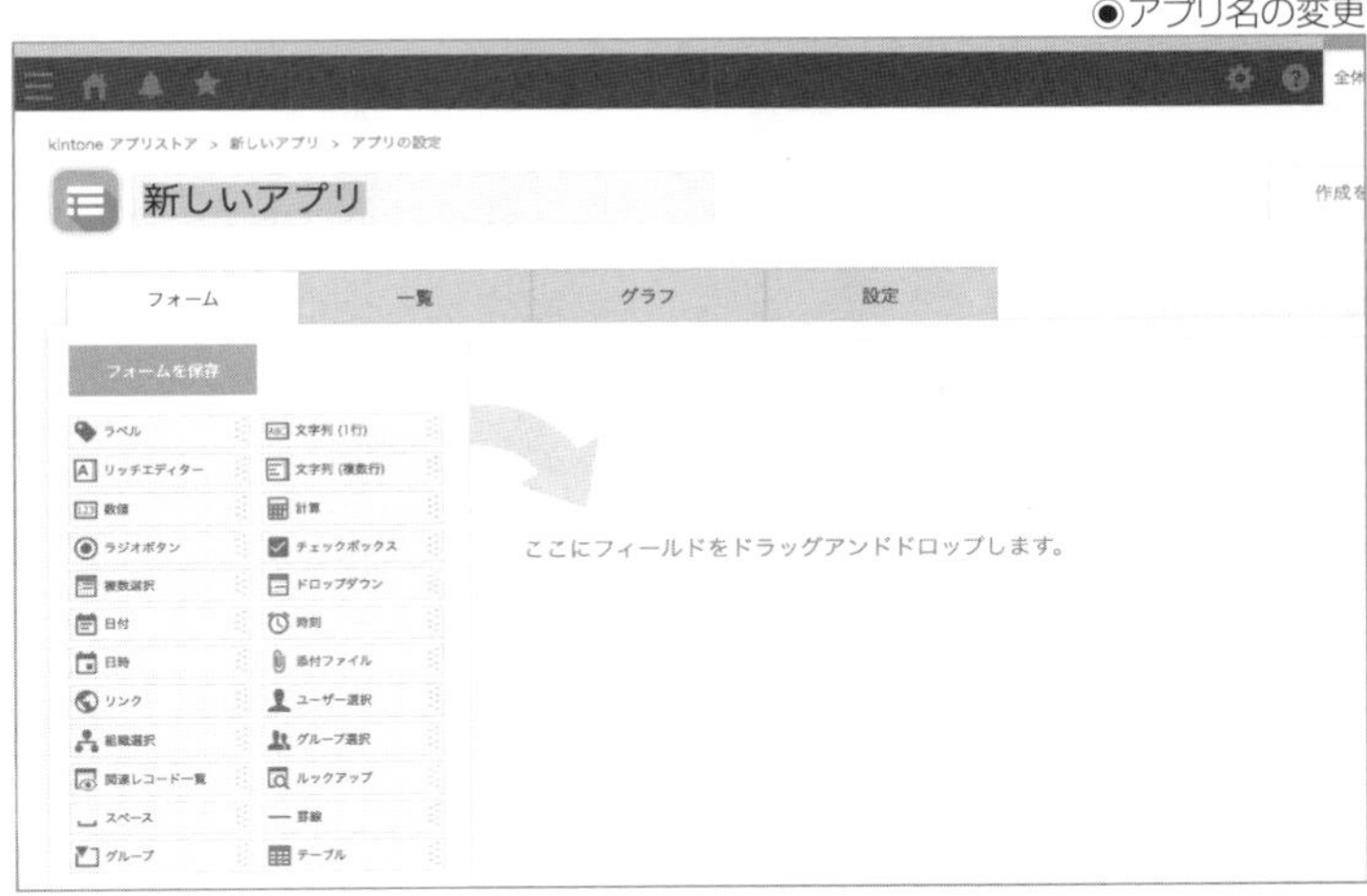

◉アイコンの選択

やすいように、アプリの利用シーンを示すようなアイコンを選択してください。

❸フォームを設定する

レコードの登録画面をkintoneでは「フォーム」と呼んでいます。このフォーム画面の設定を行います。

設定画面の左側にさまざまなフィールドが並んでいるので、必要なフィールドをドラッグ&ドロップで右側のフォームスペースに持っていき、適切な位置に配置しましょう。一度、配置したフィールドの位置も同様にドラッグ&ドロップで再度、変更することができます。

フィールドを設置したらフィールド名を変更していきましょう。フィールドを設置した段階ではフィールドの種類、たとえば「文字列（1行）」や「日時」といったフィールド名が設定されています。これらのフィールドを「企業名」や「問い合わせ日時」などの適した名前に変更してきます。

なお、各種フィールドには入力できる値の制限や補助の

◉フォーム画面の設定

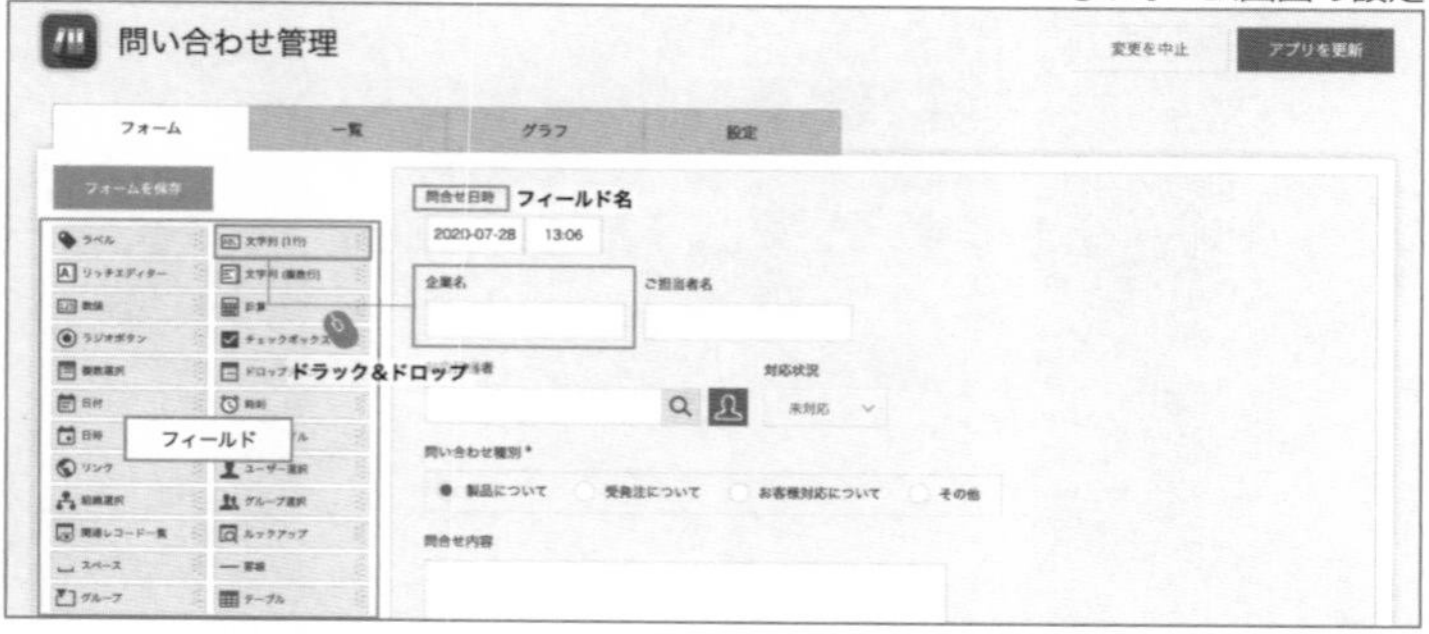

設定ができます。たとえば、「文字列（1行）」フィールドであれば、必須項目にチェックを入れることでレコード登録時に値が入っていないとエラーが表示されるようになります。「日時」フィールドであれば初期値に登録時の日時を入れておくことが可能です。これらの設定を利用することでレコード登録時のミスを防いだり、手間を省くことができます。

フィールドの設定が完了したら「フォームを保存」ボタンをクリックしましょう。

❹ 一覧を設定する

フォームの設定が終わったところで、次に設定するのはレコードが一覧で表示される画面の設定です。

「フォーム」タブの隣にある「一覧」タブを選択し、設定画面に移動しましょう。

設定画面右上の「＋」マークのボタンから一覧を追加しています。一覧画面の設定もフォーム画面設定と同様に表

◉フィールドの設定

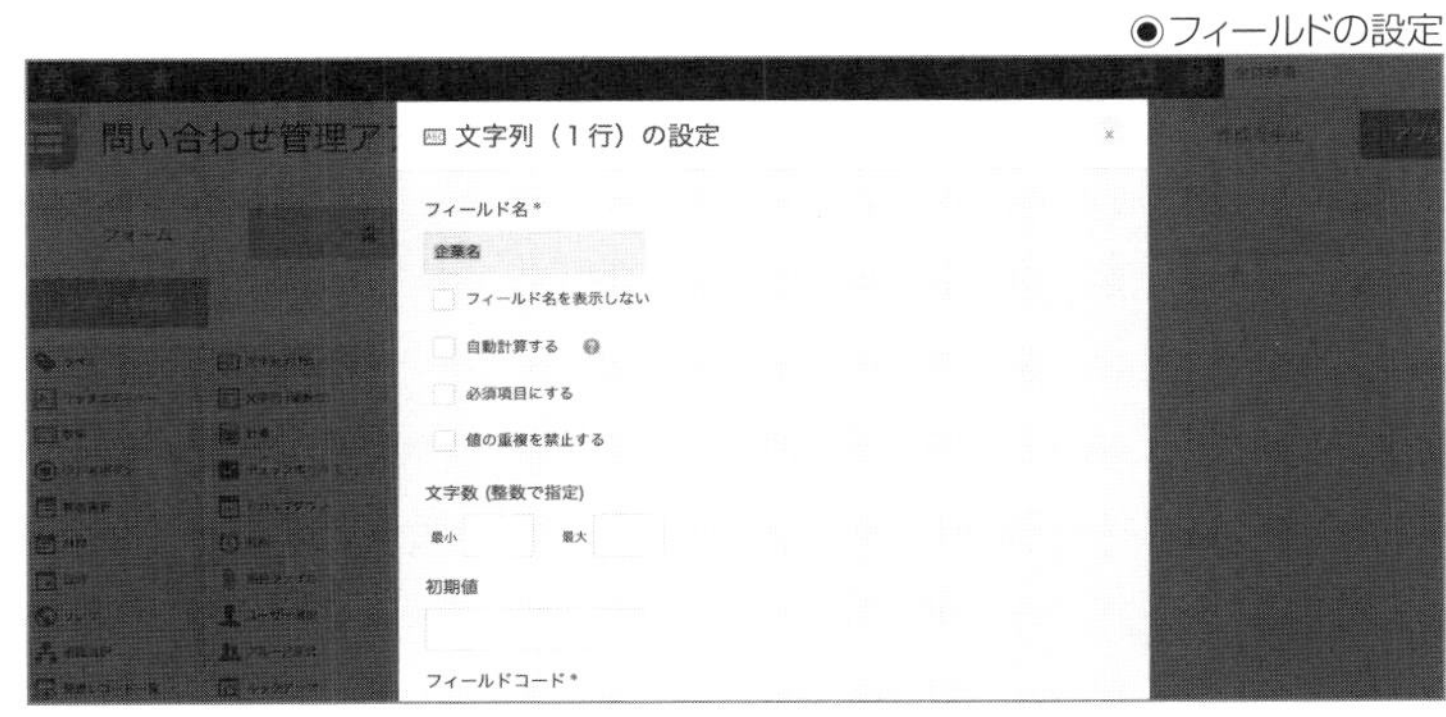

◉一覧画面

◉一覧画面の設定

示したいフィールドをドラッグ&ドロップで並べていきます。

この一覧は複数作成することが可能です。業務を進めていく中で「今月分の問い合わせ一覧」や「未対応一覧」など、絞り込み条件やソート順を指定した一覧が必要になってくると思います。その際はこのページにて設定可能だということを覚えておいてください。

はじめてアプリを作成する際には、まずは絞り込み条件はつけずに初期で設定されている「条件：すべてのレコード」のままでいいと思います。左上の「保存」ボタンで設定を完了しましょう。

❺アプリを公開する

ここまで設定が完了すれば、あとは右上の「アプリを公開」ボタンを押してアプリの作成完了です。

●アプリの公開

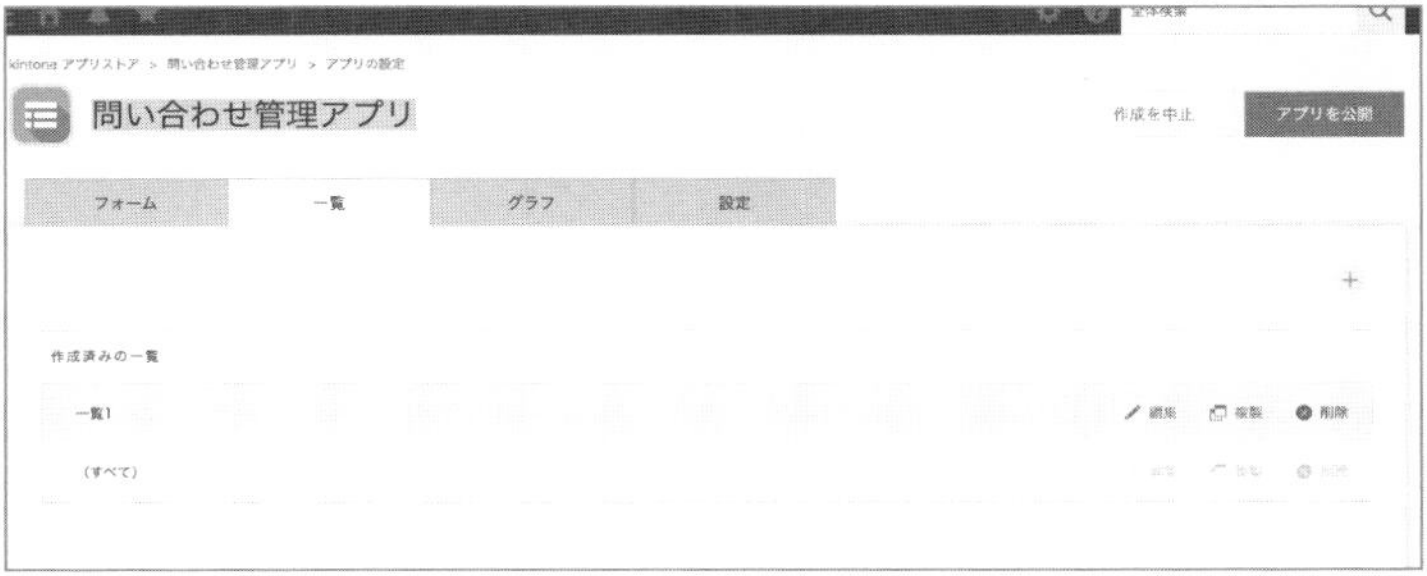

さらに便利なフィールドの紹介

kintoneのアプリは「文字列」や「数値」といったデータを保存しておくための項目を並べて作成していきます。この項目は「**フィールド**」と呼ばれ、さまざまな種類が用意されています。

次からはkintone特有のフィールドについて、その特徴を紹介します。

計算

名前の通り自動で計算を行ってくれるフィールドです。商品の単価と数量といった数値フィールドから集計して金額を表示したり、名字と名前といった文字列フィールドを結合して氏名を表示したいときに利用します。

ルックアップ

他のアプリから必要なデータを取得するためのフィールドです。みさかは受注を管理するアプリに商品を管理するアプリから商品情報のデータを取得するよう設定していました。

商品名だけではなく、商品を管理するアプリで登録されている「商品コード」や「単価」といった関連する情報も合わせてコピーすることができるので、手間を省きながらも正確な入力を可能にします。

◉ルックアップ

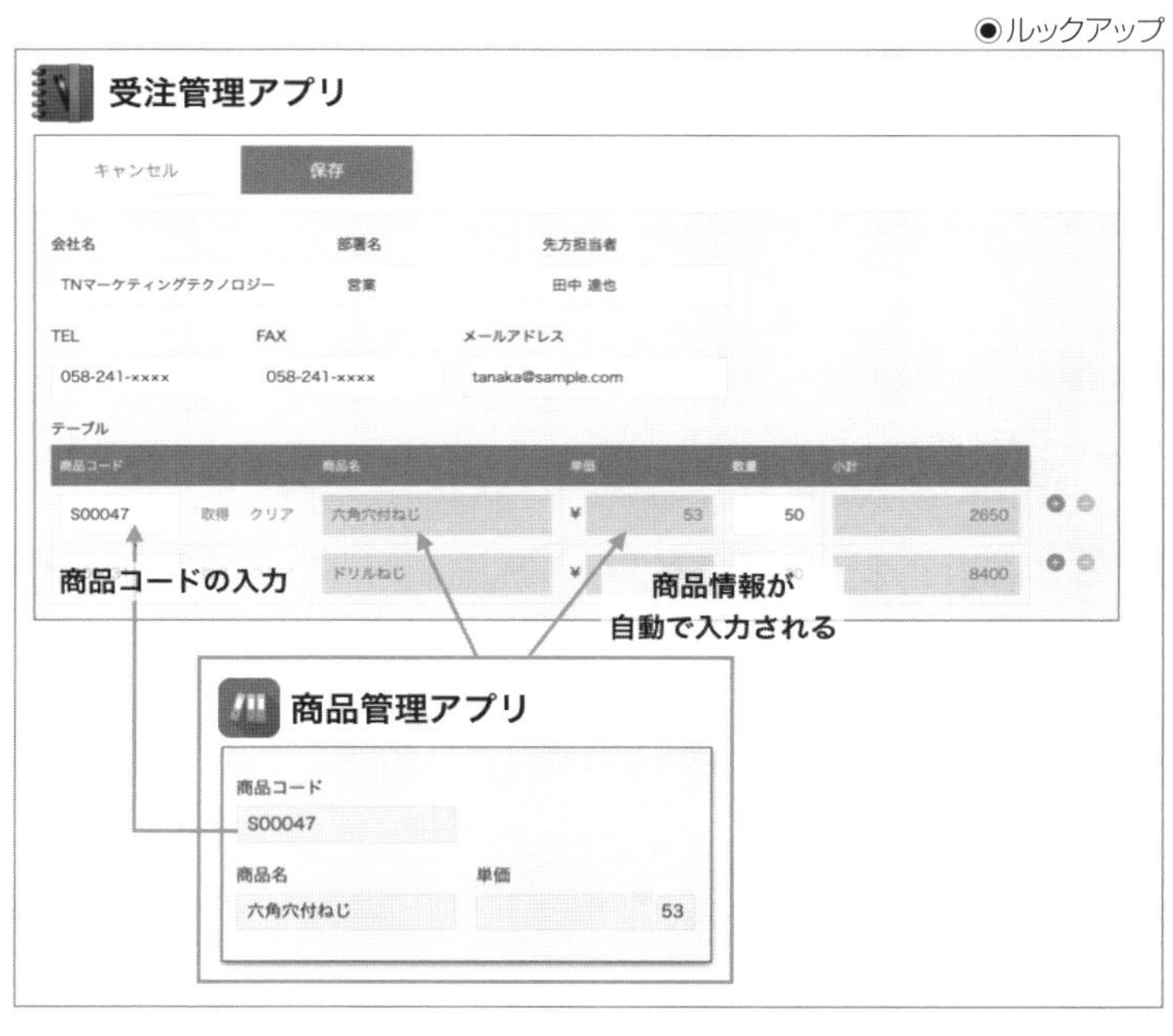
受注管理アプリ
キャンセル
保存
会社名
部署名
先方担当者
TNマーケティングテクノロジー
営業
田中 達也
TEL
FAX
メールアドレス
058-241-xxxx
058-241-xxxx
tanaka@sample.com
テーブル
商品コード
商品名
単価
数量
小計
S00047
取得
クリア
六角穴付ねじ
¥
53
50
2650
ドリルねじ
¥
8400
商品コードの入力
商品情報が
自動で入力される
商品管理アプリ
商品コード
S00047
商品名
単価
六角穴付ねじ
53

関連レコード一覧

みさかが受注アプリ内で過去の注文履歴の表示をするために利用したフィールドで、指定した条件に一致するレコード一覧を自動で表示することができます。

画像では会社名が一致する受注アプリ内のレコードを一覧で表示しています。

過去の注文履歴を表示することでお客様からの問い合わせに素早く対応ができたり、顧客のニーズの変化に気づきやすくなるといった利点があります。

◉関連レコード一覧

受付日
2018-08-31

会社名
田中マーケティングテクノロジー

部署名
営業

先方担当者
田中 浩二

TEL
058-241-××××

FAX
058-241-××××

メールアドレス
tanaka@sample.com

案件担当者名
森 円花

テーブル

商品コード	商品名	単価	数量	小計
S00047	六角穴付ねじ	¥53	50	2650
D00031	ドリルねじ	¥280	30	8400

合計金額
11,050

設定条件に「会社名が一致」を指定

注文履歴

受付日	会社名	先方担当者	案件担当者名	合計金額
2018-07-04	田中マーケティングテクノロジー	山口 徹	森 円花	10,869
2018-07-20	田中マーケティングテクノロジー	田中 浩二	森 円花	12,269
2018-08-10	田中マーケティングテクノロジー	田中 浩二	森 円花	9,990

テーブル

一度の注文で複数の商品の注文が行われる場合、あらかじめ必要な商品数分のフィールドを用意しておくことは至難の業です。このような入力行数が毎回異なる場合に役立つフィールドがテーブルです。

添付

Excel、Word、PDFファイルなど、さまざまな種類のファイルを添付することができるフィールドです。見積書など、取引で利用する情報を受発注アプリ内で一元管理することができます。

◉テーブル

より学びたい人へ

実際にアプリを作成していくには、フィールドの特徴を理解するとともに、設定方法についても学ぶ必要があります。kintoneには『**ガイドブック**』や『**ヘルプページ**』といったユーザーのアプリ作成を支援するコンテンツが充実しています。

『ガイドブック』では利用場面と基本的な設定方法を、『ヘルプページ』ではより詳細な機能の特徴を学ぶことができるので、アプリ作成時にはこれらのコンテンツを活用してください。

- ガイドブック

  URL https://kintone.cybozu.co.jp/material/#guidebook

- kintoneヘルプ

  URL https://jp.cybozu.help/k

第3章　kintoneのアプリをあれこれ試してみる

それから3日間。みさかは時間を見つけてはアプリを自分なりに工夫して改善してみた。生まれてはじめて作ったITアプリケーション。Excelの知識さえおぼつかない、ましてやプログラミングのプの字もなかったみさかは心地よい達成感と数ミリばかりの自信さえ感じていた。

「そろそろ、お披露目してみようかしら」

みさかは、遥のアドバイスを思い出す。

「完璧なんてない。30点でも40点でもいいからとにかく早く出してみる。それが大事。トライ&エラーよ。」

みさかの作ったアプリはお世辞にも100点とは言いがたい。だからといって、100点を追っていてはいつまでたっても物事は先に進まないし、始まらない。みさかが取り組んでいる改善活動に対する理解も共感も得られない。そもそも、環境の変化も技術の進化も早い時代。100点など存在しないようなものだ。
みさかは社内メールと朝会で、アプリを部内と関係他部署に周知した。ところが……。

「誰も使ってくれないんですけど！」

つい先ほどまでの自信が、瞬く間にため息に変わる。
そう、誰もアプリを使ってくれないのだ。周知をした直後、ご祝儀程度にアプリにアクセスしてくれた人がちらほらいる程度（みさかの目視観測の範囲内）。1日たっても2日たっても変化がない。皆、何食わぬ顔をして、いままで通りのやり方で、いままで通りあの重たいExcelの管理表と格闘している。新しいものが苦手な人たちだとは思っていたが、ここまでとは……。課長の熱田も相変わらず他人事な感じでまともにとりあってくれない。大きく肩を落とすみさか。アプリを使ってもらうよう、声がけをしようかとも思った。でも、なかなかその一歩が踏み出せない。いやな顔をされて、嫌われてしまうのが怖かったからだ。自信喪失しかかるみさか。この改善活動どころか、会社も嫌いになりそうだった。

「はぁ、もうどうしたらいいの……」

藁をもすがるような思いで、みさかは遥に泣きのメッセージを入れた。まもなくレスが届く。ＷｅｂサイトのＵＲＬだけが貼られている。数秒遅れで1行のメッセージが届いた。

「この勉強会に参加して、相談してみたら?」

ＵＲＬのリンク先は、業務ハック勉強会のイベントページだった。この週末に東京で開催されるらしい。なんたるベストタイミング！　ただ場所がネックだった。ここから東京へは新幹線で1時間以上かかる。

——ちょっと遠いけれど、思いきって行ってみようかしら

前回参加してみて、みさかの業務ハック勉強会自体に対する抵抗感はなくなっていた。そこで遥に会えたのも大きな前進だった。

このままモヤモヤを抱えたまま週末を迎えるくらいなら、いっそ行ってみたほうがいいかも。思うが早いか、みさかは「参加」ボタンを押していた。これでもう後には引けない。

＊＊＊

会場は多くの人で賑わっていた。さすが東京だ。今日は遥は会場にはいなかったが、一度参加しているため参加する心のハードルは低い。前回は開始時間ギリギリで参加したが、今回は早めに家を出発して20分前には会場に到着(新幹線の洗面台でひたすらメイクしていたのは内緒だ)。最前列の席を確保した。

プログラムは前回と同様、LT(Lightning Talks)と呼ばれる、5分のプレゼンテーションが何本か繰り返される。ベンダーの売り込みようなトークは一切ない。登壇者はみさかのように業務改善を推進する人、あるいはkintoneを使って改善を進めるエンジニア。すなわち、業務ハッカーだ。とにかくリアル。聞くほうにも身が入る。今回は技術的な話と、業務改善の話が半々くらいだった。みさかは技術的なことはよくわからないが、それでも用語を聞いているだけも勉強になる。なにより、kintoneという共通のプラットフォームを通じて会社も職種も異なる人たちが発信しあい、受信しあってともに学びあう。その空気感が心地よかった。「自分はひとりじゃない」。そんな気持ちにさせてくれる。

今回のLTでは、kintoneの社内への導入や理解に悩んでいた人たちのプレゼンテーションが目立った。まさに、みさかがいま悩んでいるテーマだ。自分の悩みをすでに解決した、社外の先輩たちの声を聞くことができる。とても有意義な場だ。みさかはとりわけ、次の2つのメッセージに感銘を受けた。

●ユーザー（利用者）を観察すること
●ユーザー（利用者）の声を聞くこと

――なるほど。確かに私はアプリを作ることばかりに気を取られていたわ。

みさかはここ数週間の自分を振り返り反省した。ユーザー（利用者）を観察する。声を聞く。それにはどうしたらよいだろう？

そこで懇親タイムになった。登壇者と参加者、参加者同士が声をかけあっている。みさかも、勇気を持って登壇者の一人に声をかけてみることにした。社内のkintone導入を進めてきた話をした女性だ。彼女もまたメーカーに勤務していて、総務部門の所属とのことだ。こういうとき、情報発信してくれる人がいると話しかけるきっかけもつかみやすい。

彼女はみさかの話を親身になって聞いてくれた。

「それなら、社内説明会をしてみてはいかがでしょう？」

――そうか説明会か！

みさかはひざを打った。聞けば、彼女もある日、突然、業務改善の旗振り役を言い渡され途方に暮れていたとのこと。そこでkintoneに出会うも、社内の抵抗勢力どころか「無関心勢」に阻まれ四苦八苦した。

「弊社の場合、『IT』『クラウドサービス』って聞くと、それだけで抵抗感を感じてしまう人もいたんです」

なるほど。古い体質の組織であればあるほど、ありそうな話だ。

「使い方がわからない、もそうだけれども、使い始めるきっかけがないから使わないなんて人も意外と多かったですね」

彼女は続ける。

「それあるね！　あと、意外とログインできなくてあきらめるユーザーも多いんですよ」

背後から突然の男性の声。彼もまた参加者の一人のようだ。みさかより少し年上かな？

ブルーのストラップがよく似合う。

「初心者がつまずくパターンをあらかじめ想定して、解決方法を説明できるようにしておくといいと思いますよ」

セミロングの髪を書き上げながら、彼はさわやかに語る。

「そうね、利用者のモヤモヤを先回りして解決する。それができると説明会がとても有意義な場になるわ」

彼女も同調する。

しかし、利用者のモヤモヤってどうやって先回りすればよいのだろう?

ブルーストラップの彼は2つのアドバイスをくれた。

- **先人の知恵をパクること**
- **職場をよく歩き回ること**

2つ目のポイントはよくわかる。しかし、1つ目のハードルが高い。先人の知恵って言われても、kintoneを導入した経験は設楽マシーナリーにはない。つまり、先人はいない。

「僕が去年、kintoneを社内導入したときに作ったスライドがあるからリンク送りますね。よければ、それをパクってください！」

みさかの悩みを見透かしたかのように、彼は鮮やかにボールを投げた。

「ええっ、そんな、いいんですか？　秘匿とか……」

戸惑うみさか。違う会社の人に、おいそれと社内情報を共有していいものなのだろうか？なにより、大変申し訳ない。

「いいのよ。ここは情報をオープンに共有しあう場なんだから。別に、秘匿があるものでもないし」

「そうそう。パクれるものは、どんどんパクればいいの！」

2人の声が共鳴しあう。なんて清々しい場なのだろう。まったく異なる会社の総務部門の彼女と、ブルーストラップの彼はええと……。

意外なことに、彼はITエンジニアだった。

みさかは、エンジニア＝いかついパソコンの黒い画面に向かってひたすらコードを書く人の理解だった。コミュニケーションを面倒くさがり、技術にしか興味のない人種としか思っていなかった。こんなにも情報発信やコミュニケーションが好きで、使い手の立場に立つことのできるエンジニアもいるのか。

「だって、技術って誰かを幸せにするためにあるんでしょう。だからエンジニアは、常にその『誰か』を想像して、どうしたら技術がその人たちを幸せにできるか考えて行動できなければいけないって、僕は思うんです」

——なんと！　そんな考え方を持っているエンジニアがこの世にいるんだ。

みさかは、自分がいかにITエンジニアに対して偏見を持っていままで接していたかを感じた。そして、エンジニアという職種の人たちともっと交流したいと思った。

「でないと、技術に失礼です」

＊＊＊

みさかは早速、社内のkintone説明会を開催することにした。

「ん？　いいんじゃない。別にお金がかかるものではないし」

熱田はみさかの申し出を二つ返事で承諾した。こういうとき、無関心な上司はある意味でありがたくもある。

社内説明会の収穫は大きかった。

そもそもkintoneにログインができなくて、面倒くささを感じていてそのまま放置していた利用者が多いことがわかった。こういうとき、無理やりにでも時間を取り、かつ、みんなと一緒に操作方法を学ぶ効果は大きい。

みさかは、ログイン方法はもちろん、ポータルの画面やアプリの見方を一通り説明した。そして、実際に一緒にアプリにデータを入力してもらった。

「あ、こんなに簡単に入力できるのね！」

「え、わざわざ部署名を手打ちしなくても、リストから選択できるの？　便利！」

感嘆の声があがる。

「実際に使ってもらって、快感体験をしてもらうのが大事」

社内説明会をやると決めたとき、遥がみさかにくれたメッセージだ。まさにその通りだと、みさかはいまこの場で実感している。そういえば、みさか自身もkintoneをはじめて触ったとき快感を感じた。ユーザーエクスペリエンスが大事って、そういうことなのかもしれない。そのためには、エクスペリエンスできる場を作るのも重要なんだな。みさかは自分の言葉で、そんな気づきを心の中で言語化した。

困っている人がいないか見て回ってみる。すると、「このボタン触ってもいいのかな？」と不安そうにきょろきょろしている人がいることに気づいた。

「間違えても大丈夫ですよ！」

kitoneはデータの変更履歴を保持しており、以前の状態に戻すことができる。とはいえ、ある利用者の誤操作でデータが不適切に上書きされたり、削除されたりする自体は避けたい。これまでのExcelでもそのトラブルや手戻りやいざこざ(部署を超えた喧嘩)が後を絶たなかった。この景色を幸せにしたい。

「データを誤って削除することがないよう、削除できる人を制限するのもいいかもしれないですね」

みさかはとっさに、その場で提案してみた。

「あ、それいいわね!」
「マジ、助かる!」

利用者から次々に賛同の声があがる。みさかが声をあげることによって、皆のモヤモヤを代弁できたのかもしれない。そして、参加した利用者は自分だけが不満や不安を抱えているのではないと知り、皆が声をあげやすい雰囲気になったのだろう。

みさかは、その場でkintoneの管理者画面を開き、早速、権限設定をした。

「はい、いま権限設定しました！」

「は、早い！」

スピード感のあるキャッチボールが、会場をさらに明るくした。

このスピード感は、利用者、すなわち設楽マシーナリーの社員と派遣社員にとって新鮮だったようだ。いままで、ＩＴを使ったシステムといえば「要望を聞いてもらえない」「要求した機能が実現するまで時間がかかる」「使いにくい」などネガティブなイメージを持っている利用者がほとんどだったであろう。みさかもその一人だ。だからＩＴは正直苦手だった。

「じゃあさ、登録確認日って項目も追加することできる？」

みさかは、「できますよ！　ほら、この通り」とその場で画面を投影しながら追加してみせる。直後に歓声が起こった。

これをきっかけに、他のユーザーからも次々に要望の声があがる。表示内容の変更、フィールドの追加、文言を変えてほしいなど、要望が集まってくる。

「わかりました！　順次対応していきますね」

みさかは要望を一覧にした。

kintoneの設定変更をライブで行ったのはよかった。kintoneの柔軟さを伝えられる機会になった。なにより、ＩＴやクラウドサービスに対するマイナスイメージを払拭することができた。自分の要望が取り入れられる。それを知った利用者たちは本当に嬉しそうだった。人のポジティブな変化を見ることができるって、なんて幸せなんだろう。

みさかは改善推進者、いや、業務ハッカーの醍醐味を感じていた。

＊＊＊

こうして説明会は思いのほか盛況に終わった。ほっと胸をなでおろすみさか。しかし、これはみさか一人の成果ではない。遥や、業務ハック勉強会の仲間のアドバイスや助けがあってこそだ。

――この成果を、今度は私が共有しなくては。

頭の片隅で考えながら、みさかは会議室を片付けていた。去り際、参加者の一人の立ち話が廊下から聞こえてきた。

「kintoneの説明会、とてもよかったよ！　あなたも参加すればよかったのに……」

＊＊＊

説明会をやってハイおしまいではいけない。

職場をよく歩き回る。

東京で参加した業務ハック勉強会で、ブルーストラップのエンジニアが残してくれた2つ目のメッセージだ。

kitoneを実際に使っている人の様子を見にいかないことには、困り事に気づくことができない。みさか自身、説明会でそれを実感した。

「今日は職場を歩き回ってみよう」

みさかは、いつものフロアを出て関係部署を歩くことにする。するとさまざまな出会いと発見があった。

たとえば業務部。情報を探すために画面をひたすらスクロールする利用者がいた。その利用者に、みさかは検索機能を教えた。

たとえば物流部。ある社員の、机の上のパーティションに大量の付箋が貼られていた。仕事の期限を忘れないための工夫だったり、席を外している際に誰かが質問を残していったりと、まるで七夕の短冊のように色とりどりの付箋が賑やかだ。これもkintoneの通知機能とコメント機能を使えば解決する。

そして営業部では、嬉しい発見があった。

「最近、営業先からの報告がとても早くなったね！　助かるよ」

ある社員が上司から褒められている。いままでは、営業先からわざわざ帰社して営業日報をわざわざ書いて上司に報告するスタイルだった。それを、kintoneを使って外出先からスマートフォンのアプリを使って簡易に報告するスタイルに変えたとのことだ。これにより、部下は記憶が新鮮なうちに状況をリアルに、なおかつわざわざ帰社しなくてもリアルに報告することができる。

――なるほど。やられた！

みさかは先を越されてちょっぴり悔しい気持ちを感じつつ、社内の変化にそれ以上の喜びを感じた。

――やっぱり、実際に歩き回ってみるって大事ね。あ、そうだ！

みさかの頭の中に、なにかが閃いた。

「次回は明日木曜日の14時~16時の間、一宮が皆さんの職場を訪問します。kintoneの使い方で困ったことがあったら聞いてください。その場で解決します！」

こんなメッセージをささっとしたため、kintoneのポータルと、念のためにメールで社内発信した。こうすれば、困っている人が声をあげやすいだろう。

解説

kintoneの利用方法

第3章では「ユーザー」という視点に気づいたみさかが社内説明会を開催し、kintoneについて紹介していきました。この解説でも同様にユーザー側に立ってkintoneの利用方法についてみていきましょう。

ポータル

kintoneにログインすると、まず、**ポータル**と呼ばれるトップページが開きます。ポータルには、自分に向けたお知らせや通知、自分が使えるスペース、アプリの一覧が表示されます。

アプリを利用するには、右側のアプリの一覧か

◉ポータル

kintone
ポータル
検索機能
お知らせ
全社への連絡を記載する場所
未処理
スペース
スペース一覧
アプリ
アプリ一覧
通知
通知一覧
レコード作成時やコメント投稿時の通知が表示される

ら選択するか、**スペース**を選択後、その中からアプリを選択します。

スペース

スペースは業務を進行する上で必要な情報を集約した場所です。具体的には業務に必要なアプリや、アプリ内のデータをもとに作成した表やグラフ、この業務に関係するユーザーといった情報をまとめています。

スペースは営業や人事といった部署ごとや、プロジェクトのチームごとに作成するのが一般的です。このスペースは参加者のみに公開することも可能なので、個人情報など、慎重に扱うべき情報を管理している業務では非公開スペースにてアプリやスレッドを運用するとよいでしょう。情報を「まとめる」と「保護する」の観点で活用できる機能です。

◉スペース

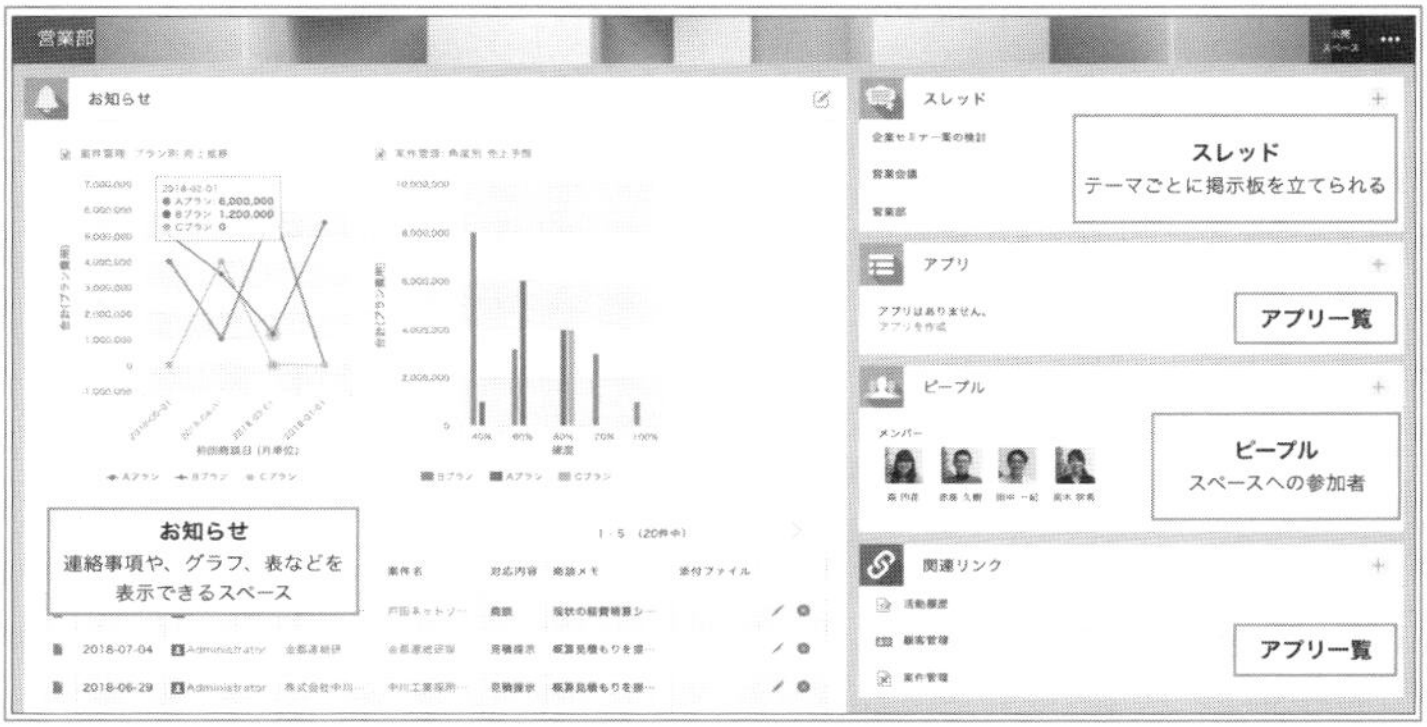

◉スペースの機能

機能	説明
お知らせ	連絡事項やアプリのデータをもとに作成したグラフ・表などを表示できる場所。オフィスに設置してある社内掲示板や、ホワイトボードと同様の使い方をする
スレッド	質問や相談を投稿したり、それについてのコメントを返したりできる掲示板機能
アプリ	スペース内で作成したアプリが一覧で表示される
ピープル	スペースに参加しているユーザーが一覧で表示される
関連リンク	指定したスペースやアプリへのリンクが一覧表示される。スペース外のアプリや別スペースで業務に関連するものがある場合に追加しておくと便利

◉スレッド

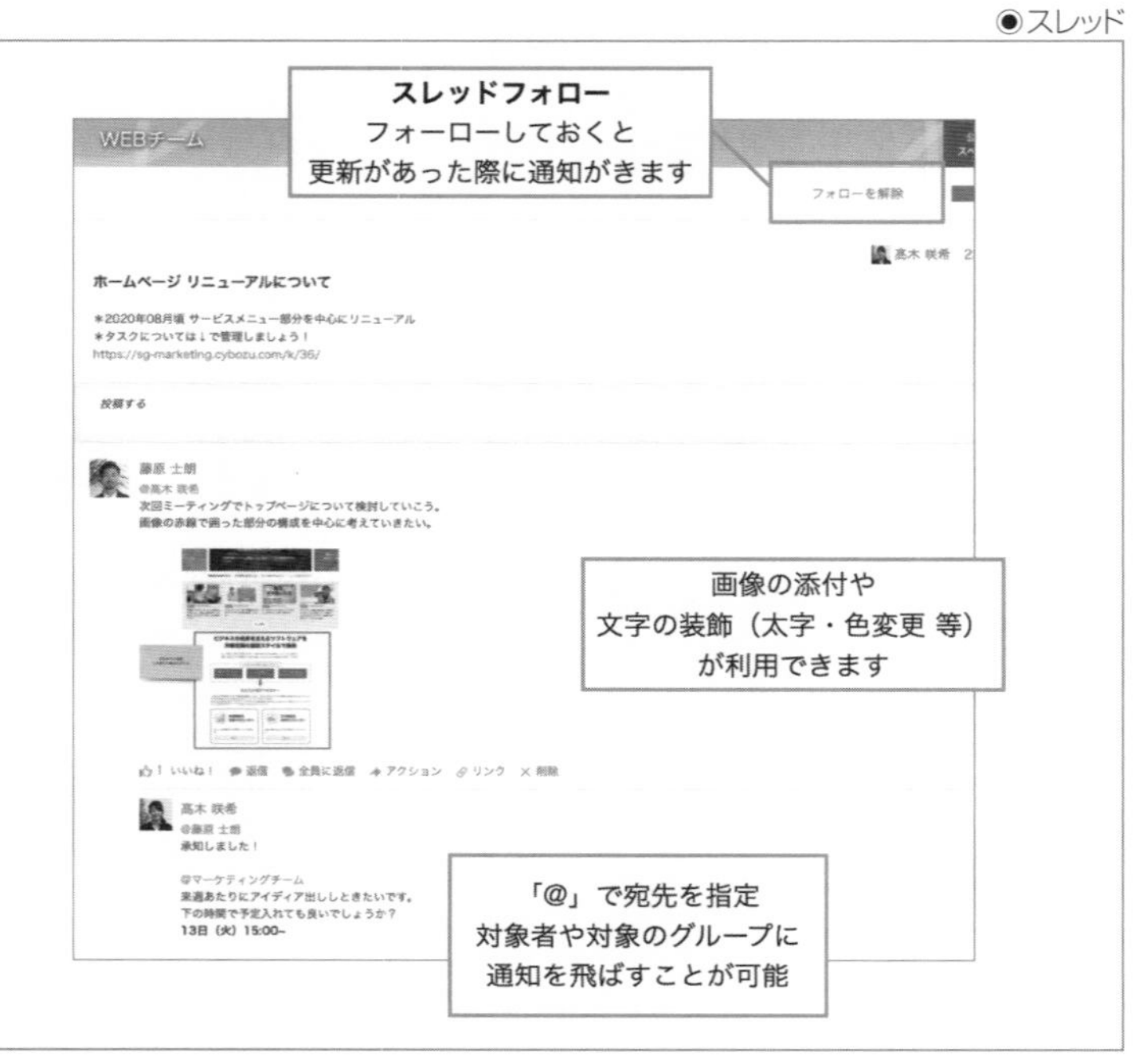

スレッド機能を使えば、同じスペースにいるメンバーと休みの連絡や社内イベントの告知といったコミュニケーションをとることができます。また、スレッド内ではファイルや画像の添付も可能です。

アプリ

アプリに入るとデータの一覧が表示されています。このデータの1行ずつをkintoneでは『レコード』と呼びます。

一覧は「本日の注文一覧」や「配送前一覧」など、作業に合うものを選択することで、適切な条件で絞り込まれた一覧に変更できます。

もちろん、絞り込み機能から自身で条件を指定してレコードのみを表示することも可能です。また、レコードをスペースで

●レコード

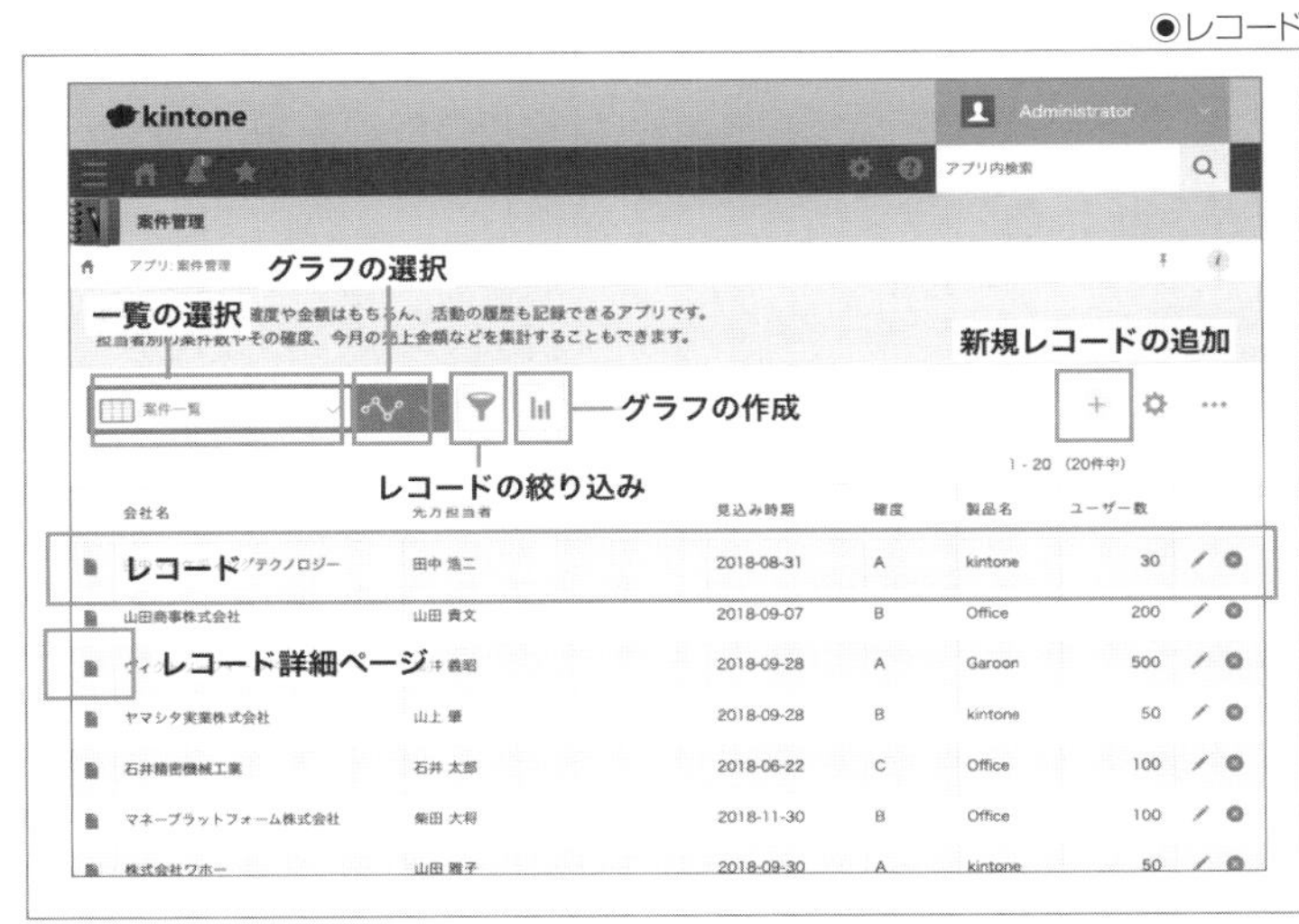

表示していたようなグラフとして集計し確認することもできます。

データの登録もこの画面上から行えます。**kintoneではこの1つのデータをレコードと呼びます。**

一覧が確認できたので、次に注文の詳細情報を見ていきましょう。レコードの左端ファイルマークをクリックすると詳細画面に移ります。

詳細画面では各フィールドに加え、データの変更履歴とコメントを確認できます。

変更履歴はいつ誰がどのフィールドをどのように変更したかを記録したものです。誤ってレコードを書き換えた際に、変更状況から過去の状態に戻す機能も備わっています。

登録内容に不明点があるという場合に変更者が残っていると、質問すべき相手がすぐに

◉詳細画面

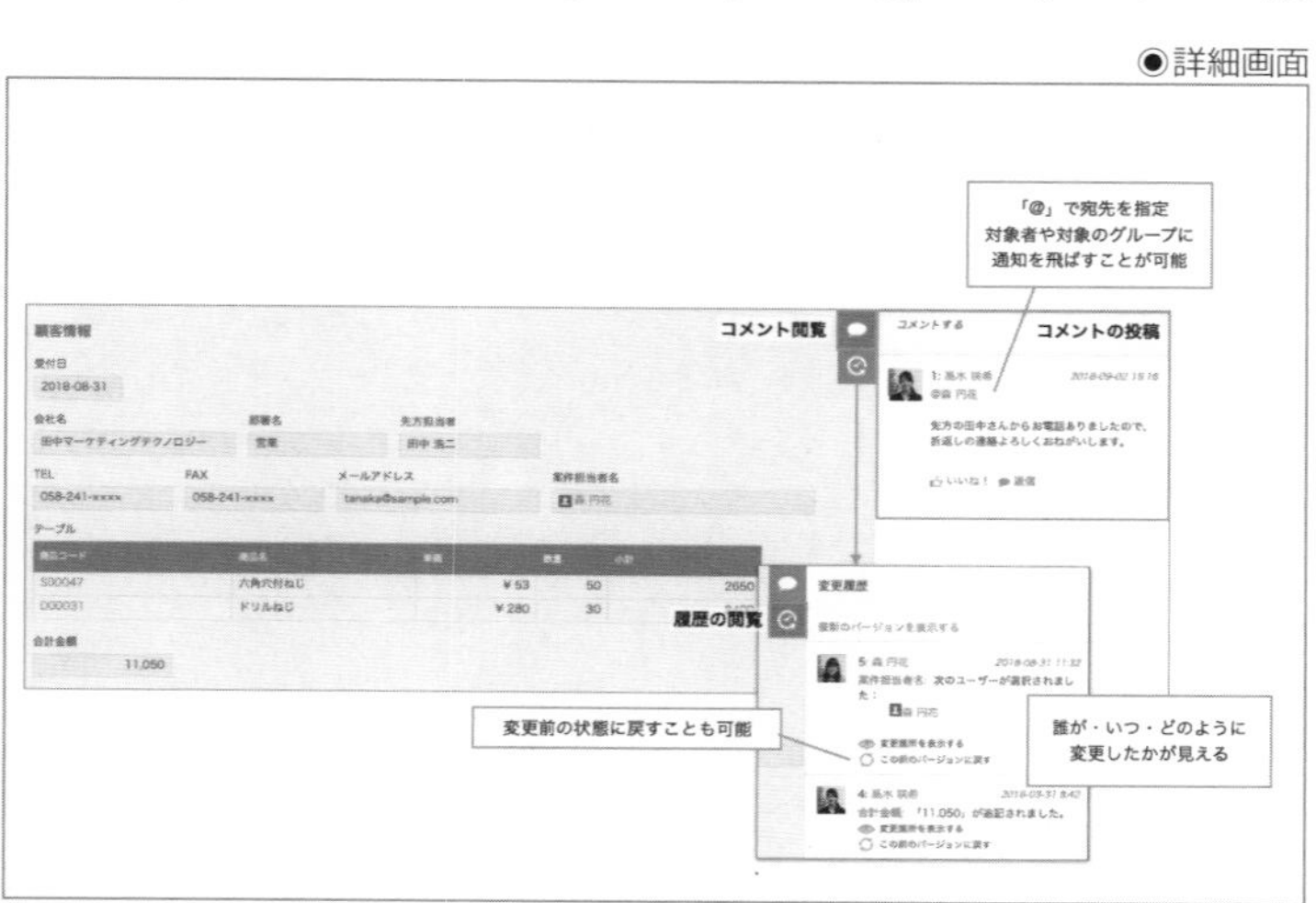

見つかり便利です。

コメント機能も業務を進める上でとても便利な機能です。詳細画面上でのコメントはデータを確認しながら相談することができますし、相談内容が残ることで社内での共有や引き継ぎをスムーズに行えます。

以上がアプリを利用する上で必要な基本的な知識です。

業務を支える便利な機能

前述の解説では利用者が日常的に触れる機能について説明しました。このほかにもkintoneには業務をサポートするさまざまな機能が揃っています。その一部を紹介します。

通知

確認や作業、報告といったものの漏れを防ぐために、条件や日付に合わせて通知を送る機能です。

たとえば、「配送希望日フィールドの３日前」という条件で通知設定をしておけば、納期の遅れを防ぐことができるでしょう。

通知はkintoneのポータル上で確認できるほか、その内容をメールで確認することも可能ですし、スマートフォンのアプリの場合はプッシュ通知として確認することもできます。

アクセス権

アプリの閲覧や、レコードの追加などを、ある特定の人のみができるように制限する機能です。

「社員名簿アプリは人事部と総務部しか見えないようにするが、自身のレコードのみ本人も確認できるようにする。ただし、給与フィールドは総務部と本人しか見えないようにしたい」といった複雑な制限に関しても「アプリ」「レコード」「フィールド」それぞれの単位で権限を設定できるため対応可能です。

プロセス管理

経費申請や休暇申請など特定の人の承認が必要な業務にて活躍する機能です。

次ページの画像はプロセス管理を導入した休暇申請アプリです。申請者は申請内容をレコードとして登録後、申請ボタンを押します。すると画像のような「差し戻す」「承認する」の2つのボタンが表示されます。これらのボタンをクリックすることは指定した人（複数人選択することも可能）のみが行えます。

◉休暇申請アプリ

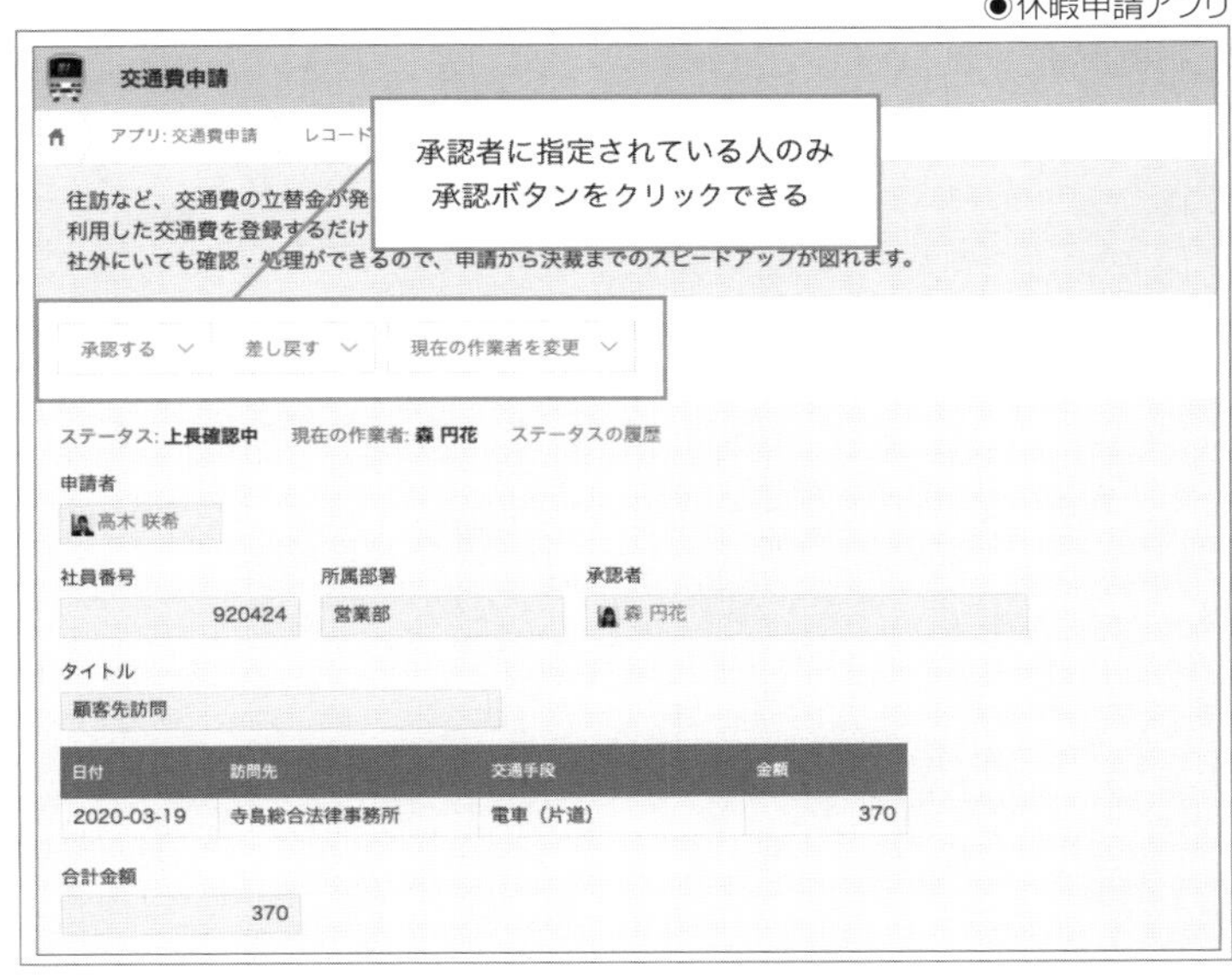
交通費申請
アプリ: 交通費申請
承認者に指定されている人のみ
承認ボタンをクリックできる
社外にいても確認・処理ができるので、申請から決裁までのスピードアップが図れます。
承認する
差し戻す
現在の作業者を変更
ステータス: 上長確認中
現在の作業者: 森 円花
ステータスの履歴
申請者
高木 咲希
社員番号
920424
所属部署
営業部
承認者
森 円花
タイトル
顧客先訪問
日付
訪問先
交通手段
金額
2020-03-19
寺島総合法律事務所
電車（片道）
370
合計金額
370

モバイル用アプリ

kintoneはモバイル用アプリが用意されており、iOSおよびAndroid OSで利用することが可能です。

Webブラウザでkintoneを利用するのと同様に、レコード内容の確認やコメントへの書き込みといった操作が可能です。また、アプリではプッシュ通知を受け取れるため、リマインダーや社員からのメッセージに素早く気づき対応を進められます。

また、写真が必要な業務であればモバイルで写真を撮影し、レコード上にアップすればスムーズに作業が進められ便利です。

アプリは次のページよりダウンロードしてください。

- App Store
  - URL https://apps.apple.com/jp/app/kintone/id674312865
- Google Play
  - URL https://play.google.com/store/apps/details?id=com.cybozu.kintone.mobile

より学びたい人へ

より詳細なkintone操作方法について知りたい場合は、次の『**kintone(キントーン)基本操作ガイド**』を活用してください。このガイドはユーザーへのマニュアルとしても活用できます。

- kintone(キントーン)基本操作ガイド
  URL https://kintone.cybozu.co.jp/material/pdf/kintone_guidebook_vol00.pdf

kintone管理者として、kintoneの機能やその設定方法について学びたい場合は第2章でも紹介した『**ガイドブック**』や『**ヘルプページ**』を利用してください。

- ガイドブック
  URL https://kintone.cybozu.co.jp/material/#guidebook
- kintone ヘルプ
  URL https://jp.cybozu.help/k

第４章　kintoneをさらに応用してこんなこともできる

みさかの地道な行動により、設楽マシーナリー社内に徐々に変化が起こり始めた。

「kintoneを使えば、自分たちの要望が実現できる」

そんな空気が広がってきたのだ。日に日に要望一覧（これもkintoneで管理すればステータスが社内の関係者にも見える化していいのかしら？　by みさか）の行数が増えていく。中には、kintoneの標準機能では実現できそうにないものもあった。嬉しくも悩ましい。

「一覧表示で、各業務の進捗ステータスを色分けして表示したい」（Excelでいえば、対象行やセルに色がついているイメージ）

「帳票に印刷したい」

「取引先への注文書も発行したい」

「お客様が注文内容を直接kintoneに入力できるようにならないか？」

みさかは、すぐさまインターネットで検索してみた。

「kintone 色変更」

検索結果が表示され、一つひとつ追ってみる。どうやら、kintoneの拡張機能を使えば「進捗ステータスの色分け表示」は実現できそうなことがわかった。その拡張機能を、kintoneでは連携サービスと呼ぶらしい。

「なるほど、連携サービスを使えばどんな要望も叶えられそうね……」

出口が見えてきた。こうなると俄然やる気が湧いてくる。しかし、手放しで喜んでもいられない。連携サービスを利用するには追加料金がかかる。よって運用コストも考慮して利用する／しないを判断する必要がある。「費用対効果は？」これは部課長の口グセだ。

ただ、ありがたいのはkintoneは料金体系が明確であるところだ。kintoneのみならず、クラウドサービスを利用するメリットの一つはそこにある。

ベンダーに要件を伝え、自社に特化した仕組みを構築してもらういわゆる「スクラッチ型」「オンプレミス型」のＩＴシステム開発ではそうはいかない。細かに見積もりを取り、分厚い社内説明資料や稟議書を作成して承認を得て……など、社内調整や調達にかかる手続きやオーバーヘッドコストがかかる。その時間がなければ、本来業務にかける時間や余暇を増やすことができる。実にもったいない。

サービス内容と料金体系が明確である。これは大きな価値なのだ。すべての業務要件をＩＴシステムで満たすのは難しい。ＩＴシステムにあわせて、運用を工夫したり、業務をシステムにあわせる。それでも要望の8割は解決できそうだ。

各部署の利用者との会話で、そんな一体感が生まれてきていた。すべてをＩＴでなんとかしようとしない。本来「実現したいこと」はなにで、ＩＴと非ＩＴを組み合わせていかにしてそれを実現していくか？　１００点を求めるのではなく、いかにして現状を少しずつ良くしていくか？　それを導くのが業務ハッカーだ。

社員たちの反応もポジティブに変わってきた。

「仕方がない。ＩＴに完璧はないよね」
「徐々にいいものを作っていくのが大事」
「よし、仕事のやり方を工夫してなんとかしよう！」

こんな声があがるようになってきたのだ。いままで、情報システム部門やＩＴベンダーの言い分でしかなかったこれらのメッセージ。それを、社員である利用者自らが言葉にしている。kintoneを通じて、社員がＩＴやクラウドサービスを正しく理解し、正しく向き合うようになった。勝手にないものねだりをして、勝手に失望して、勝手にＩＴに対してそっぽを向く（みさか自身もそうだった）いままでの組織文化とは大違いだ。みさかはとても清々しい気持ちで会議室を出た。

と、奥の応接室から黒いスーツの一団が出てくる姿を見た。

――見慣れない人たちね。いったい、どこの誰かしら？

彼らは振り返って、深々とお辞儀をしている。次の瞬間、応接室から社長と秘書がぬっと姿を表した。

解説

kintoneを便利にする拡張機能

第4章でみさかはkintoneの拡張機能である「**プラグイン**」や「**連携サービス**」を活用していくことで社内の要望を解決していきました。

「プラグイン」と「連携サービス」はともにkintoneの機能を拡張させるという点においては同様ですが、利用方法が異なります。プラグインであればkintoneに読み込むことで利用できます。一方、連携サービスはサービス上でkintoneとの接続設定を行って利用するのが一般的です。

また、拡張性にもそれぞれに特徴があります。プラグインは「kintoneの入力をあと少し便利にしたい」や「もう少し表示方法を変えたら見やすいのになぁ」といった要望を叶える「かゆいところに手が届く」ようになる拡張機能です。連携サービスはプラグインと比べると費用は高いですが、その分、kintoneから電話を発信したり、kintoneの情報をもとに電子契約を行えたりと拡張性が高いのが特徴です。

プラグインや連携サービスは合わせて100以上ものサービスが提供されています。「この機能がないから、うちの業務には合わないかも……」とkintoneの利用を諦める前に「実現できるサービス」を探してみてください。きっと解決の糸口が見えてきます。

プラグインの読み込み方

プラグインをkintoneに読み込み、アプリ内で使うための設定方法について説明していきます。

❶プラグインをダウンロードする

まずプラグインを提供しているサイトからプラグインをダンロードします。プラグインのファイルは、zip形式です。解凍せずそのまま保存しておいてください。

❷プラグインのをkintoneに読み込む

システム管理の画面を開き、「プラグイン」というメニューを選択します。
その後、左上の「読み込む」ボタンをクリックし、先ほどダウンロードした「xxx.zip」というプラグインファイルを読み込みます。

これでkintone上にプラグインが読み込まれました。プラグインは一度ダウンロードすれば削除しない限り使い続けられます。また、複数のアプリで利用することも可能です。

●システム管理の画面を開く

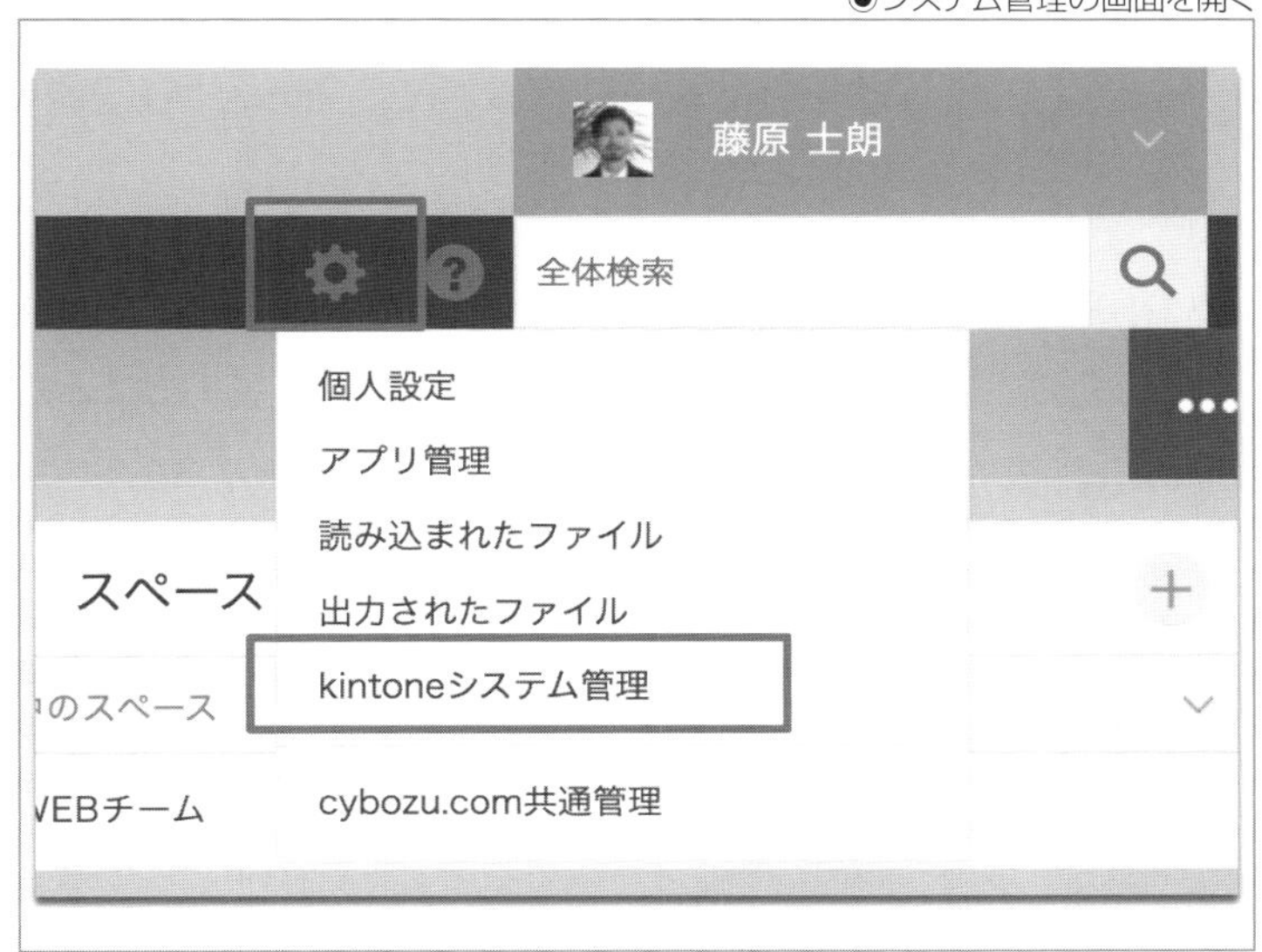

●「プラグイン」の選択

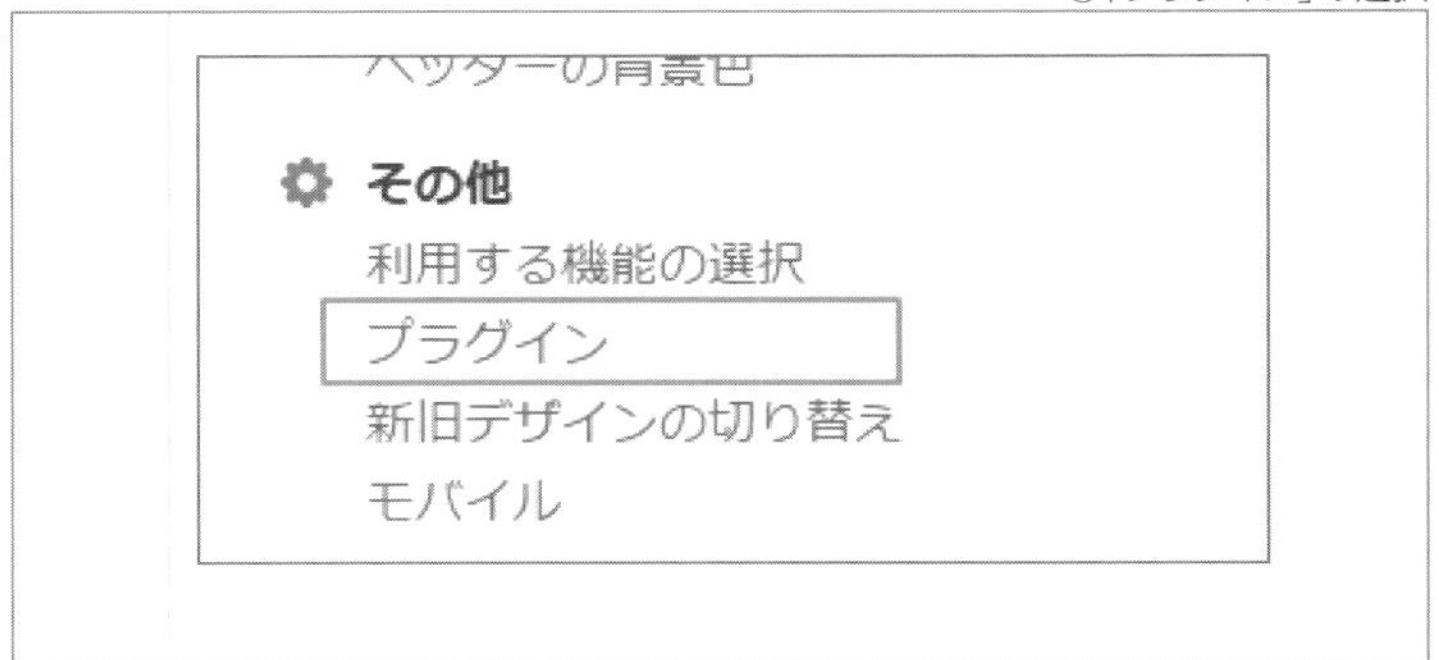

❸アプリにプラグインを追加する

プラグインを利用したいアプリの「アプリの設定画面」を開きます。「設定」タブを選択し、「プラグイン」というメニューを開きます。

左上の「プラグイン追加」を選択し、追加するプラグインのチェックボックスをONにして「追加」ボタンをクリックします。

●アプリの設定画面を開く

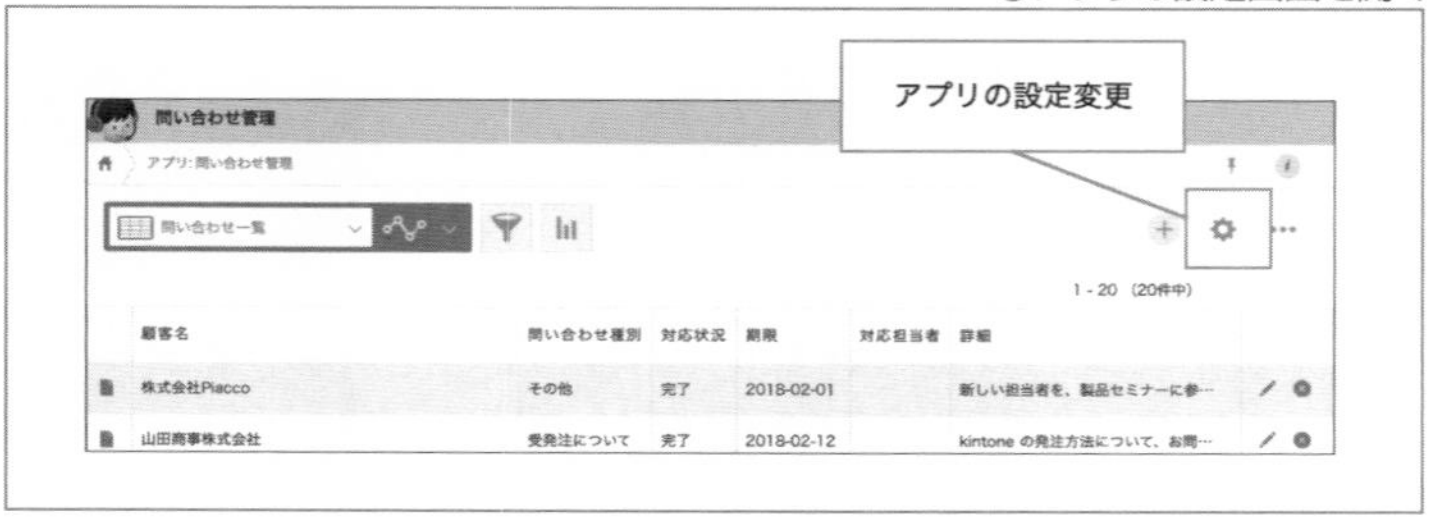

アプリの設定変更

●「プラグイン」の選択

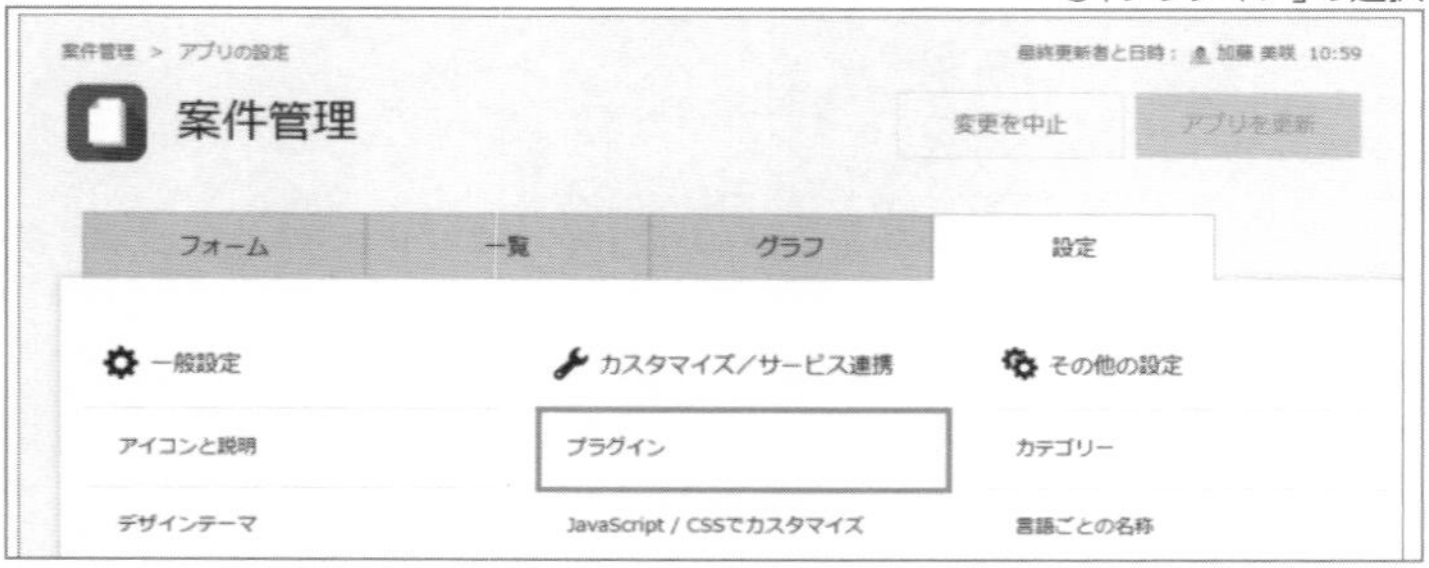

●プラグインの追加

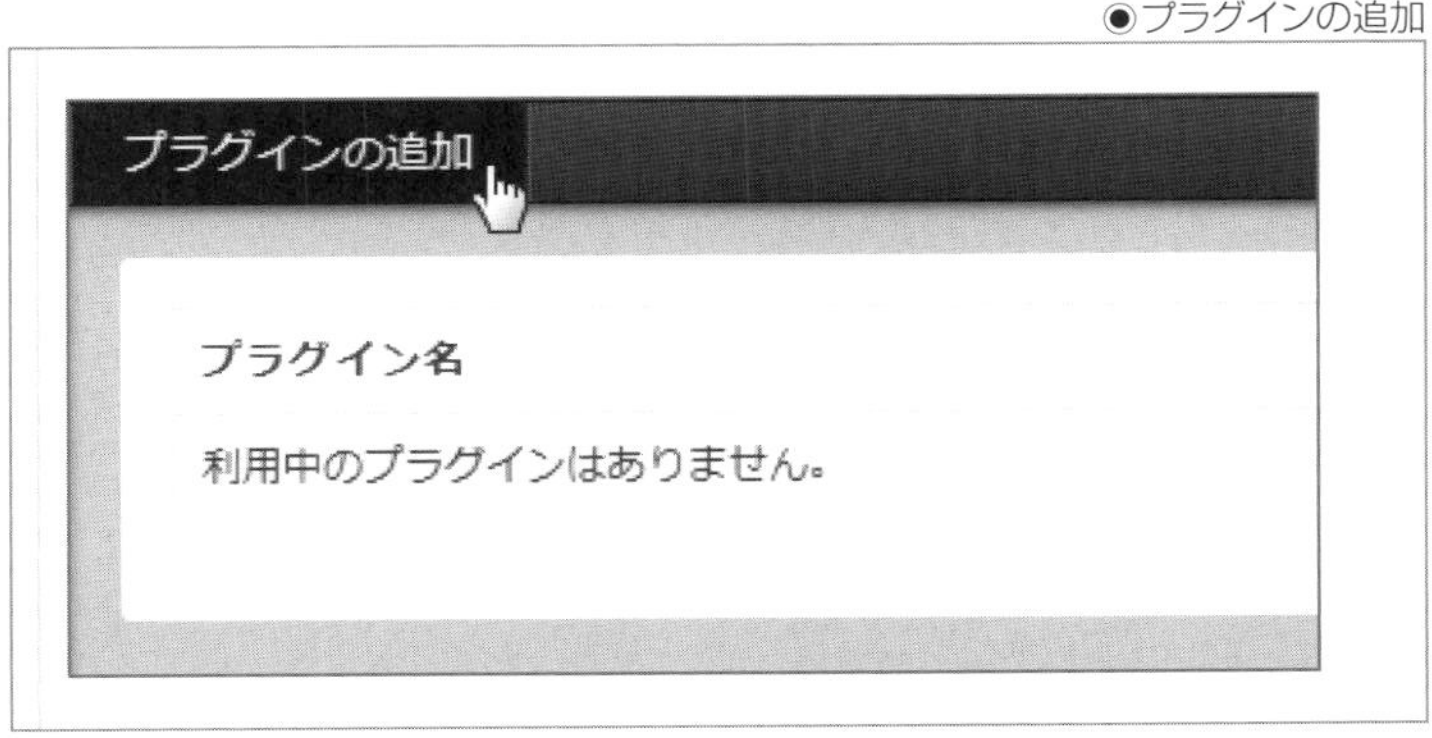

●追加するプラグインの追加

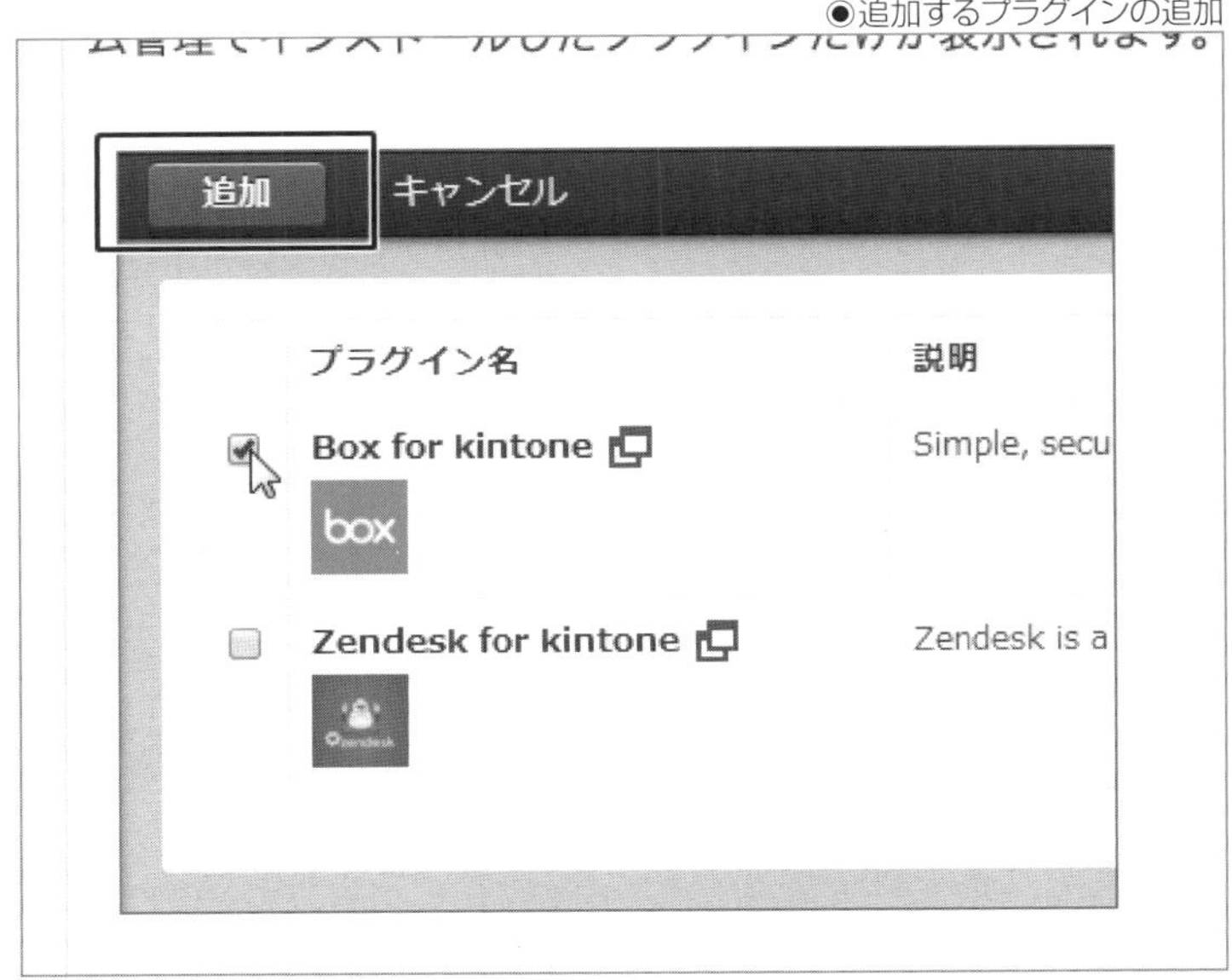

❹追加したプラグインの設定を行う

追加したプラグインは追加さえすれば利用できるものと、設定が必要になるものがあります。設定が必要な場合は追加されているプラグインの設定アイコン（歯車のアイコン）をクリックして設定に進んでください。

●「プラグイン」の選択

プラグイン名	設定	説明
エンコードURL表示プラグイン	⚙	日本語のパラメータを含むURLがkintoneに登際され

プラグインの紹介

ここではいくつか便利なプラグインを紹介します。

テーブルデータ一括表示プラグイン

「テーブルデータ一括表示プラグイン」（提供会社：TIS（https://www.tis2010.jp））は一覧表示にてテーブルを表示するためのプラグインです。また、みさかが行っていたように一覧を「進捗ステータス」によって色分けして表示するなど、条件によって背景色や文字色を変更することができます。

- Listviewer ｜ TIS

URL https://www.tis2010.jp/listviewer/

◉テーブルデータ一括表示プラグイン

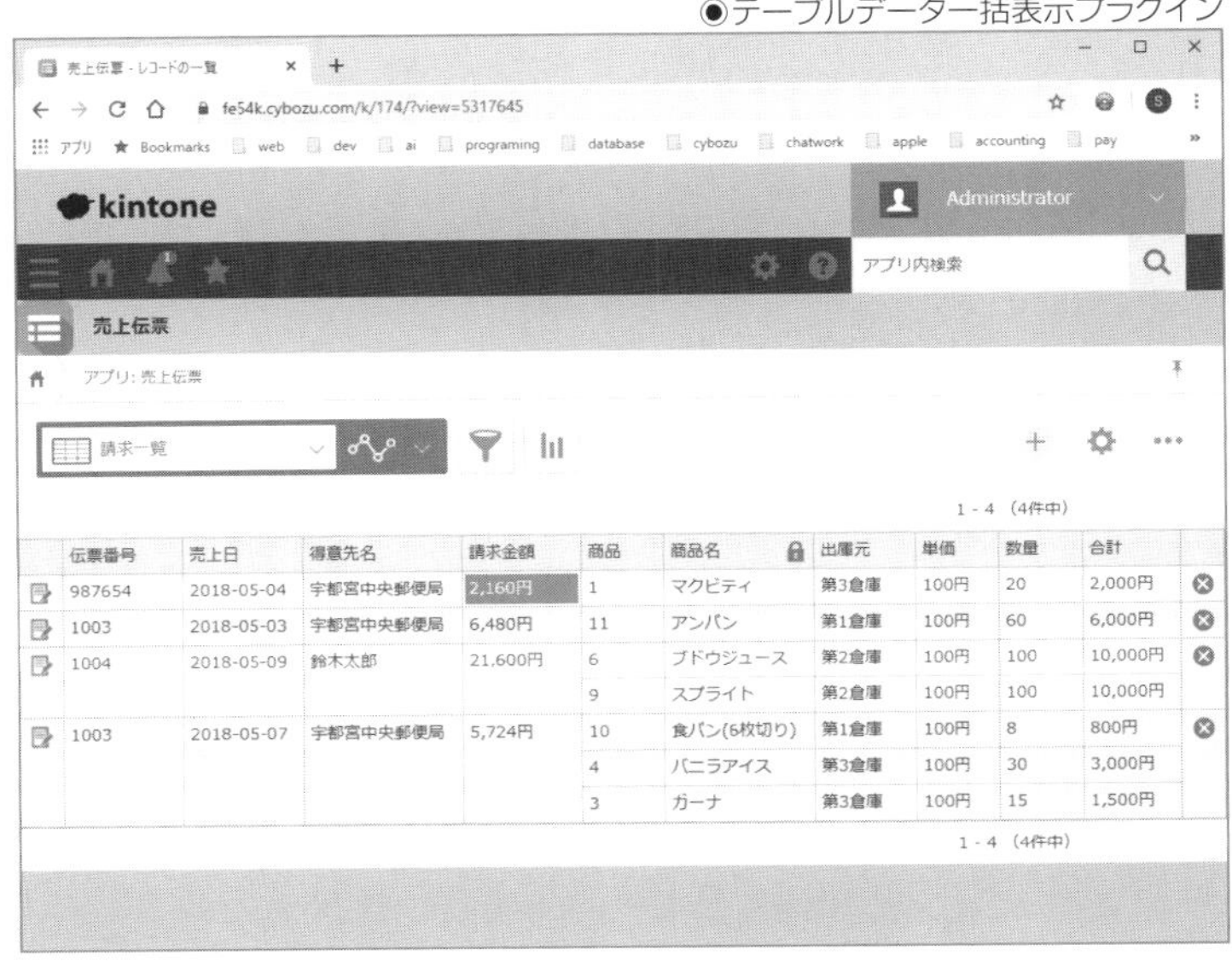

手書き2プラグイン

「手書き2プラグイン」（提供会社：株式会社ジョイゾー（https://www.joyzo.co.jp））を導入すると、アプリ上で文字や絵を書くことができ、書いた画像をレコード内に保存できます。

写真を背景画像として手書きを加えることも可能なので、図面を背景画像に確認箇所を手書きして保存するといった活用が可能です。タブレットとともに利用すれば顧客先で署名をもらい、データとして保存しておくといった業務も円滑に行えます。

- 手書き2プラグイン ー 株式会社ジョイゾー

URL https://www.joyzo.co.jp/plugin/handwriting

◉手書き2プラグイン

krewSheet

「krewSheet」(提供会社：グレープシティ株式会社(https://www.grapecity.co.jp/))は、kintoneの一覧をExcelのような操作で編集したり、表示させることができるプラグインです。

kintoneではレコードの編集を行う場合、1レコードずつ変更を行う必要がありますが、このプラグインを導入すると一括編集が可能な上、コピー&ペーストを利用できるようになるので効率的に編集作業が行えます。

また、一覧上で各列の集計を行えたり、条件書式を設定できるなどExcelを利用してい方々にとって馴染みのある機能をkintone上で活用できます。

- **krewSheet - 製品情報 ｜Excel感覚で操作できるグレープシティのkintoneプラグイン「krew」**

  URL https://krew.grapecity.com/products/krewsheet.htm

●krewSheet

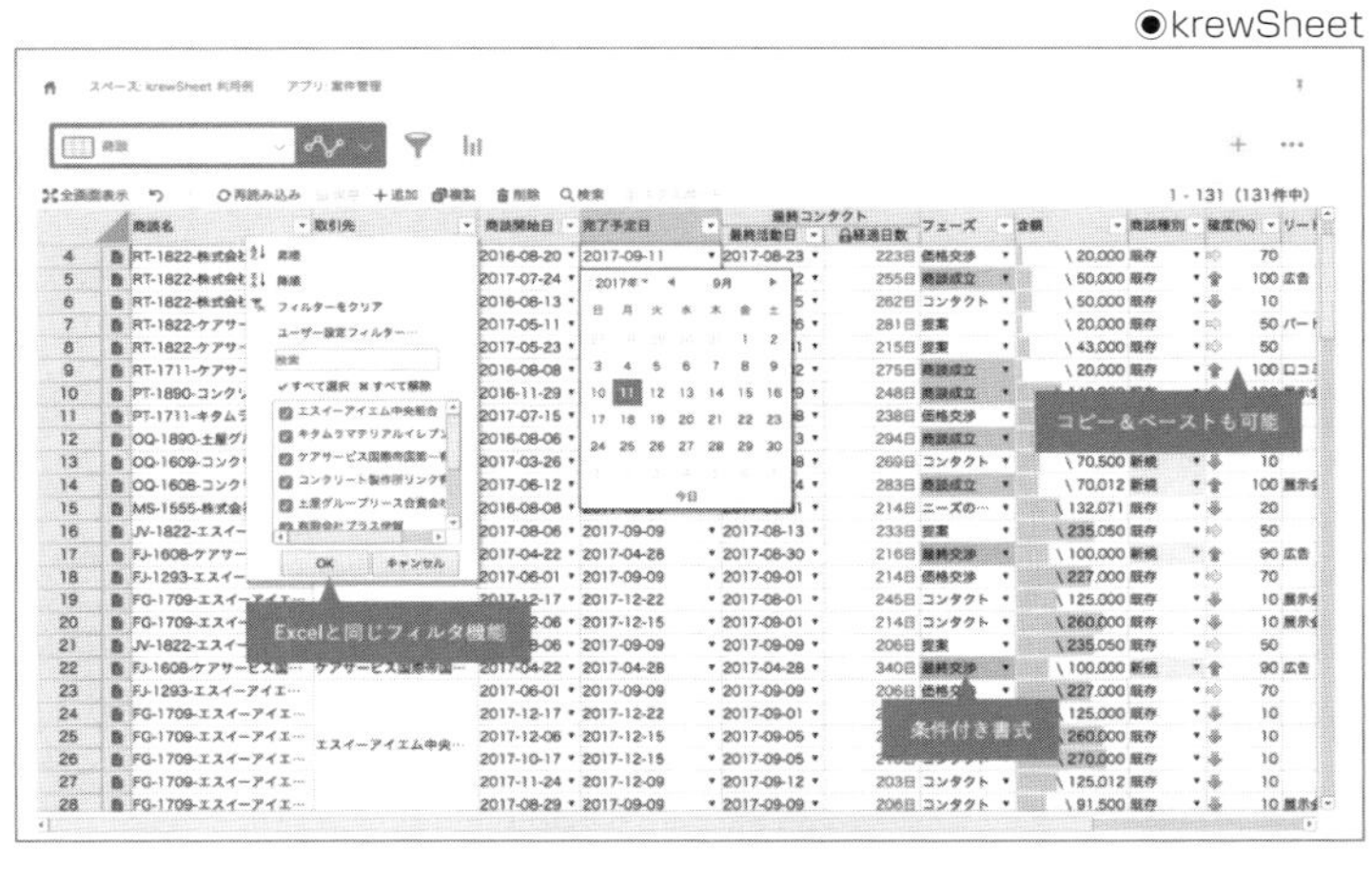

連携サービスの紹介

ここではいくつか便利な連携サービスを紹介します。

プリントクリエイター

「プリントクリエイター」(提供会社：トヨクモ株式会社(https://toyokumo.co.jp))はkintoneのアプリデータから帳票出力を行うためのサービスです。

kintoneには印刷の機能はありますが、整ったレイアウトでの帳票出力はできません。見積書や請求書などお客様にお渡しするためのきれいな帳票を作成する際や、ハガキ・宛名ラベルといったさまざまなサイズの印刷を行いたい場合に活用できます。

また、一括出力も可能なので月次の請求書発行業務のような業務では特に大いに活躍します。

- kintone(キントーン)連携サービス | プリントクリエイター

  URL https://pc.kintoneapp.com/

◉プリントクリエイター

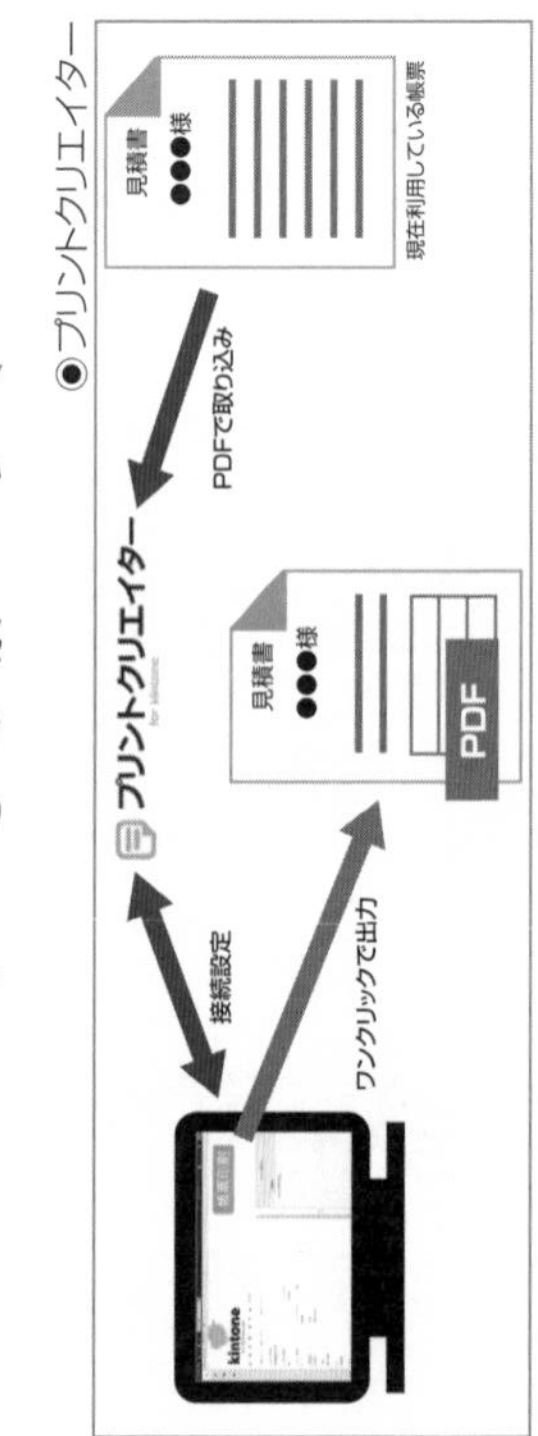

gusuku Customine(グスクカスタマイン)

kintoneの機能を拡張するには、プラグインを利用するかプログラミングを行う必要があります。「gusuku Customine」(提供会社：アールスリーインスティテュート(https://www.r3it.com))を使うとパーツを選んで並べるだけの直感的な操作でプログラミングと同様のカスタマイズを行うことができます。

プラグインでは対応できなかった細かい箇所までカスタマイズができるので、より自社の業務にフィットしたkintoneアプリを作成することが可能です。

● ノーコードでらくらくkintoneカスタマイズ - gusuku Customine(グスク　カスタマイン)
URL https://customine.gusuku.io/

●gusuku Customine

2
やること
日付や時刻をフォーマットする
日付/時刻 =now()
日付の書式 20180125
時刻の書式 時刻表示なし
セット先フィールド（省略可） 〈選択されていません〉
条件
レコードを保存した直後（削除後は除く）
フィールド値が特定の値ならば
フィールド 申請No
条件 等しい
比較値 〈入力されていません〉
+

1
やること
レコードを更新する（キーの値をフィールドで指定）
更新先アプリ 交通費申請
キーとなる更新先のフィールド レコード番号
キーの値となるこのアプリのフィールド レコード番号
マッピング 申請No="交通" & $2 & "" & レコード番号
更新の競合をチェックする チェックする
条件
他のアクションの実行が完了した時
アクション 2
+

じぶんページ

「じぶんページ」（提供会社：株式会社ソニックガーデン（https://www.sonicgarden.jp））はkintoneと連携したマイページを簡単に構築できるサービスで、kintoneアカウント費用を抑えつつ、多くの人にkintoneのデータを共有したい場面で役立ちます。

たとえば、給与明細をアルバイトに共有する場合、経理担当者はkintoneのアプリ上で給与情報を管理し、アルバイトはじぶんページからその内容を閲覧するような仕組みが作成できます。

また、マイページ上からはレコードの閲覧だけでなく、作成・編集・削除・コメント機能も利用できるので、振込先の変更や、明細に関する質問をじぶんページ上で行うような活用も可能です。

- じぶんページ - じぶんページ

  URL https://jibun-apps.jp/page

●じぶんページ

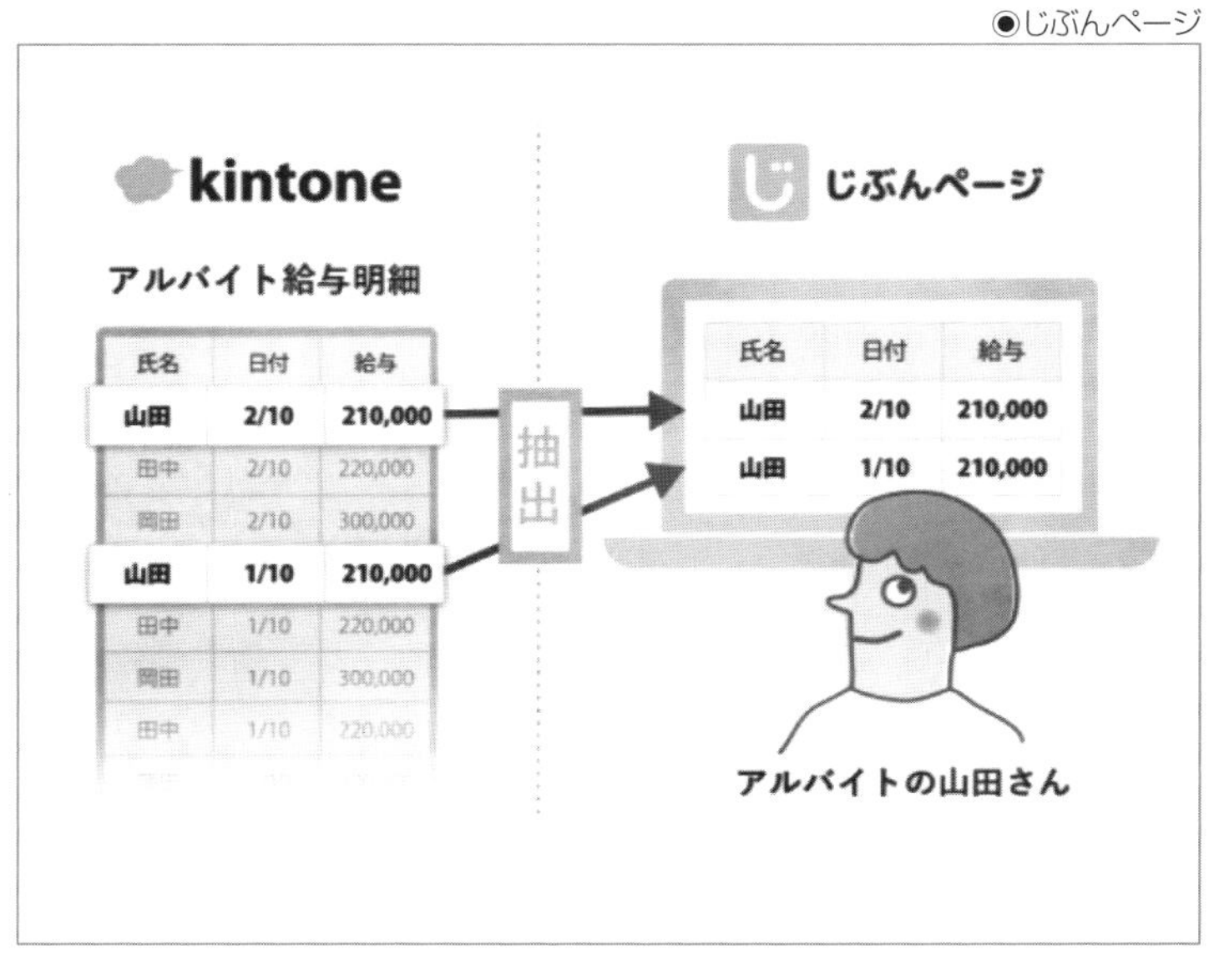
kintone
アルバイト給与明細
氏名
日付
給与
山田
2/10
210,000
田中
2/10
220,000
岡田
2/10
300,000
山田
1/10
210,000
田中
1/10
220,000
岡田
1/10
300,000
田中
1/10
220,000
抽出
じぶんページ
氏名
日付
給与
山田
2/10
210,000
山田
1/10
210,000
アルバイトの山田さん

より学びたい人へ

プラグイン・連携サービスは複数の企業が同じような用途でサービスを提供している場合があります。各サービスは無料お試し期間を設けている場合が多いので、実際に利用して比較検討するとよいでしょう。

サービスを検索する際には、前述のサイトやサイボウズが提供する拡張機能紹介ページを参考にしてみてください。

- **拡張機能紹介ページ**

  URL https://kintone-sol.cybozu.co.jp/integrate/search/

第5章　立ちはだかる壁

みさかの地道な活動の甲斐あって、kintoneのファンは着実に増えていった。いまや、みさかがこまめに社内巡回しなくても、各部署の理解者が率先して部内にkintoneの使い方や業務を効率良く進めるためのコツなどを教えるようにさえなっていった。社内の空気が変わり始めていた。

そんな矢先のことだった。金曜日の昼下がり。

「一宮さん、ちょっといいかな」

課長の熱田が廊下からみさかを手招きをしている。いったいなんの用だろう？

「部長が、業務改善プロジェクトの進捗を知りたいとおっしゃっていてね。来てもらってもいいかな？」

言われるがままに、みさかは熱田の後についた。

応接室には、部長の東栄と、その横には専務の岡崎が座っていた。チャコールグレーのスーツに、赤いネクタイがどことなく威圧感を与える。熱田はみさかがソファに座るのを確認すると、「もう私の用は済みました」と言わんばかりにそそくさと席に戻っていった。

「とてもよくやってくれているみたいですね。さすが、一宮さんに推進をお願いした甲斐がありましたよ」

東栄が口火を切る。いつもにこやかで朗らかな印象だが、今日はいつになく優しい口調だ。

ありがとうございます、とうなずくみさか。

「社内の空気も明るくなってきた感じがするよね。なんていうのかな、会話が増えてきた気がするな」

目を細める東栄。どことなく、言葉を選んでいるような雰囲気が気になる。とみさかが思うが早いか、東栄は真顔になった。

「そんな中、大変申し訳ないのだけれども……一宮さんに進めてもらっている業務改善プロジェクト、いったん凍結としたい」

――と、凍結!? それって、いったいどういうこと?

みさかは、東栄が発した二文字を飲み込むのに時間がかかった。しばし沈黙の時が流れる。まもなく、東栄は横に座る岡崎に視線を送る。

「ちょっと、これを見てもらえるかな?」

おもむろに岡崎が口を開く。次の瞬間、分厚いA4の紙の束を机に広げた。その表紙にはこう書いてある。

『設楽マシーナリー御中　グローバルERPシステム導入提案書　HBN株式会社』

――こ、これはいったい!?

差し出された紙の束を、みさかは手荒くめくる。HBNといえば外資系の大手のITベンダーだ。しかし、なんでまたこんな大げさなITシステムを導入することになったのだろう?

「あなたも知っての通り、当社は次期中期の事業計画で海外展開を強化する。海外にも販売代理店網を広げ、グローバルでの売り上げ比率を上げる。そのためには……」

みさかは次の言葉を待った。

「グローバル展開に耐えうる、磐石な情報システムを導入する必要がある」

ゴルフ焼けした手で、岡崎は提案書の表紙を指差した。その答えがこれというわけか。

「社長の意向もあってね」

岡崎は、他言無用だぞと言わんばかりに付け加える。

みさかはただ呆然とその提案書の表紙を見つめる。ふと、右上に付されたＨＢＮのロゴが目に入る。この前、社長室で見かけた黒スーツの集団が襟につけていたバッジと同じロゴだ。

——なるほど、そういうことだったのね……。

状況を理解したみさか。でも、こんなのってある？　みさかは無力感に包まれた。

「わかりました。では、失礼します」

それだけ言うのが精いっぱいだった。

——正直、釈然としませんけれど。

その一言はなんとか胸のうちにとどめた。東栄とも岡崎とも目を合わせずに、みさかは応接室を後にした。

「どうしたの、みさかちゃん？　顔色が悪いみたいだけれど？」

先ほどまでとは打って変わって暗い表情のみさか。管理課の仲間が心配そうに声をかける。

「あ、大丈夫です。でも、ちょっと今日は……しんどいので早退します」

つぶやくように言い残し、みさかはふらふらとフロアを去った。

＊＊＊

その夜。街外れのバイパス沿いの小さなカフェ。人影もまばらなその空間の、窓側の二人席にみさかは一人ぽつりと座っていた。

「お待たせ！　ごめん、ごめん。思いのほか道が混んでて……」

30分ほどたったころ、ようやく待ち人が現れた。赤いマフラーをせわしくほどきながら、遥はみさかの正面に腰掛ける。

突然の切ない出来事に、いてもたってもいられなくなったみさか。とにかく誰かに話を聞いてもらいたい。気がついたら遥にメッセージをしていた。すがるような思いで。

「なるほど……それは、やるせないね」

みさかの一通りの説明を聞き終えた遥。カフェオレを一口すすり、続ける。

「いくら業務ハッカーといえども、トップの意向には逆らえないわね」

それを言われては実もふたもない。遥さん、なぜ私の気持ちをさらに落ち込ませるようなことをわざわざ言うんですか？　みさかは切ない視線をコーヒーカップに落とす。

「でもね……、決して逆転不可能な状況ではない。私はそう思うけどな」

遥はさらりと言い放つ。みさかを元気づけるために気を遣ってくれているのか？　トップダウンで意思決定がされつつあるこの状況。覆せる可能性などあるのだろうか？

そんなみさかの不安な心の内を悟ったのか、遥はニコリと表情を緩めた。

「ねえ、みさかちゃん。いまの設楽マシーナリーに求められるＩＴシステムって、どんなんだと思う？」

大きな瞳をさらに大きくして、正面のみさかを覗き込む。

——いまの設楽マシーナリーに求められるＩＴシステム？

みさかは心の中で復唱する。遥の唐突な質問を、何度も何度も噛み締める。しかし、みさかはすぐには答えられない。

「じゃあ、宿題ね。その答えが見つけられたとき、みさかちゃんは本当の業務ハッカーになれるんじゃないかなって。私はそう思う」

帰り際、みさかは手帳を開いてカレンダーを確認した。

来週の金曜日、全社員を集めたグローバルERPシステム導入の方針説明会が開催される。みさかが早退する直前に社長室から全社員宛にメールで通達があり、とっさに手帳にメモしたのだ。おそらく、今日みさかが岡崎から聞かされた話が全社員に展開されるのだろう。方針説明会では、社長が挨拶と質疑応答をするらしい。

――答えを示すなら、そこしかない。

それまでに、遥の問いへの答えを用意しよう。そして、それを社長にぶつけてみよう。たとえ砕けたって構わない。みさかは小さな拳に力を込めた。

＊＊＊

そして迎える金曜日。

みさかの不安な心とは裏腹に、朝からよく晴れ渡っていた。澄みきった大空に、みさかは決意を新たにする。

講堂には設楽マシーナリーのほとんどすべての社員が集まっていた。この講堂もまた新社屋移転にあわせて設えられた空間だ。妙に高い天井がどことなくよそよそしい。


「グローバルＥＲＰシステムだって？」

「じゃあ、いままで私たちが頑張ってやってきたkintoneはどうなるの？」

「せっかく、kintoneに馴染んできたのに」

「また振り出しに戻るのかよ……」


kintoneとともに改善してきた社員たちは、ひそひそ声で不安や不満を声にする。

まもなく開始時間になった。社長室長が説明会の趣旨とタイムスケジュールを足早に説明する。続いて、おそらくＨＢＮのコンサルタントだろうか？　黒いスーツをまとった男性が登壇する。グローバル基幹システムの概要とそれにより設楽マシーナリーの社員の業務が変わるかを、スライドで解説し始めた。会場に集められた社員は、ぽかんと眺めている。

そして、いよいよ社長の挨拶だ。

設楽マシーナリーの中期経営計画の骨子、さらにはグローバル展開を目指すべく体制と環境整備を強化すること。そのための一環で、今回のグローバルシステム導入に踏み切ったこと。社長は壇上で熱弁する。

「なにか質問はありませんか？」

司会の社長室長が会場に問いかける。この場で手を挙げる社員などいない。主催者側もそれはよくわかっている。形式上、質疑応答の機会が設けられている。皆、その程度にしか思っていない。はずだった。ところが……。

「社長。一つ、どうしても申し上げたいことがあります！」

高らかな声が沈黙を破る。まっすぐに手を挙げるみさか。にわかに会場がどよめいた。

「一宮さんだね。どうぞ」

意表をつかれたような表情をする社長。いままで社長に質問した社員がいなかっただけに、拍子抜けだったのだろう。社長室のスタッフが、慌ててみさかにマイクを持って駆け寄る。みさかは一呼吸おいて、話し始めた。

「私たちはこの3カ月、kintoneというシステムを使った業務改善を進めてきました。社長がご存知かどうかはわかりかねますが……」

社長は、小刻みにうなずきながら真摯な眼差しでみさかの話を聞いている。どうやら、みさかの行動を好意的に受け止めてくれているようだ。みさかは続ける。

「ITを使った業務改善をしろといわれ、私は最初途方に暮れました。一人で奮闘していました。ところが社外の勉強会でkintoneを知り、使い始めてみて、徐々に社内の空気が変わってきたのです」

会場がざわめき出した。無理もない。いままでこのような場で社長に意見した社員などいなかったのだから。いつも落ち着いている東栄も焦っている様子だ。岡崎と顔を見合わせてひそひそと話をしている。課長の熱田は相変わらず「我関せず」を決め込んでいるようだ。微動だにしない。みさかは構わず続ける。

「いままで従来のやり方に文句を言うだけの人たち、ITにアレルギー反応を示して毛嫌いしてきた人たちが、『こうしたらもっと良くなる』『業務のやり方も変えないといけないね』と意見をいってくれるようになりました。周りの人たちを巻き込んで、kintoneを使って自分たちの仕事をよりよくしようと働きかけるようになりました」

みさかは横と後ろを振り返り、各部署で改善をともにしてきた仲間たちに視線を送った。その仲間たちは、笑顔で大きくうなずいてくれている。

――大丈夫、私は一人じゃない

「私、思うんです。いまの設楽マシーナリーには、大げさなERPではなくて。小さな改善と成長を積み重ねられる、そんなシステムが大事なのではないかって」

みさかは本心をそのままぶつけた。社長は「なるほど」といままで以上に大きくうなずく。

「事業環境は変化します。システムも人も、事業環境の変化にあわせて小さく変えていけることが大事です。私たちは、kintoneにその可能性を見出しています」

みさかの言葉はＩＴベンダーのコンサルが提案書に並べた美辞麗句などではない。設楽マシーナリーの現場の仲間たちと味わってきた、成長体験そのものだ。

「なにより、こうして社内の空気が変わってきました。システムも業務も人も、ともに成長する。それこそが、いまの私たちに求められている変化だと私は考えます」

そこで、みさかはマイクを置いた。

――遥さん、これが私なりの答えです。間違っているでしょうか？

みさかは天井を仰いだ。いや、間違っていたっていい。自分なりに考えた、精いっぱいの答えなのだから。

そのときだった。

「お仕着せのシステムはイヤです……」

社員の一人が声をあげた。

「うん、大規模なＥＲＰシステムって、なんかいまのウチ（当社）らしくないよね」

別の社員が追随する。

「自分たちがシステムと仕事のやり方を変えられる。そこに手ごたえを感じています」

「私、いままでは言われたことだけやっていればイイと思っていました。でも、最近は違う。改善するって楽しいんだって、感じました。このまま続けさせてください！」

一人、また一人、みさかを後押しする輪が広がってきた。なんて素晴らしい仲間たちなんだろう。みさかは思わず目頭を押さえた。

ここで、涙ぐんではいられない。小さく深呼吸をし、背筋を改める。

「社長、kintoneでいかせてもらえませんか？」

みさかは社長の顔を正面から見つめた。みさかの、いや、設楽マシーナリーの現場の社員たち自らの声が最高意思決定者につきつけられた。

社長は一瞬顔をこわばらせた。しかし次の瞬間、満面の笑みでこう答えた。

「皆さんの思いはわかりました。今回のグローバルERPシステムの導入検討は、いったん白紙にしましょう！」

会場がざわつく。とりわけ、社長室とHBN社の面々はしどろもどろになった。

ただし、kintoneが当社の海外拠点への展開に資するものか検討すること。社長は念を押した。こうして、みさかは新しい宿題をもらった。

「HBN社の皆さま。お聞きいただけたでしょうか。ご尽力いただいて大変申し訳ないですが、ここは社員を信じたいと思います。つきましては、今回の件に関しましては何卒……」

社長はHBN社の人たちに深々と頭を下げる。そして、再び社員たちに向き直った。

「いままで、こうして真正面から向き合って意見をしてくれた社員がいただろうか。私は、今日こうして皆さんが思いと勇気と持って、主体的に提言してくれたことを誇りに思う。それがなによりの皆さんの、いや、私たちの変化です」

会場は社員たちの大きな歓声と拍手で包まれた。

窓の外を見やるみさか。次の瞬間、開け放った窓からそよ風が吹き抜けみさかの頬をなでた。もう真冬だというのに心地よく、これからの設楽マシーナリーを感じさせるさわやかな風だった。

解説

システム開発から入る業務改善の問題点

トップダウンでシステム開発から入る業務改善にはいくつか問題点があります。

- 変更の利かないシステムでは、人がシステムに合わせて作業を行う必要があり、無理を強いる可能性がある
- 導入時は納得のいくシステムであっても、環境の変化に伴い合わなくなる恐れがある
- トップダウンで進むプロジェクトは各自の意見が反映されにくいため、社員が他人事になりがち

そうならないためには、どうしたらいいのでしょうか。

みさかは勉強会で学んだことをまずは実践してみようと、いままでのExcelをできる範囲でkintoneに置き換えてみました。最初は作ったアプリが使われず、自信をなくしかけもしましたが、勉強会に通い、工夫しながら改善活動を続けたことによって徐々にみんなを巻き込むことができました。

現場の声を集めアプリに反映していった結果、社員各々が業務改善に対しての自身の意見を持つようになり、その意志のもと、上から指示されたERPシステムの導入を退け、kintoneを導入する至りました。

みさかがいままで取り組んできたこと、それを「**業務ハック**」と呼びます。

業務ハックとは

クラウドを活用し、身近な改善から始め、繰り返し型で業務改善を進めていく手法やノウハウをまとめて「業務ハック」と呼びます。業務ハックでは、業務の見直しとシステム化を同時に実現することで改善効果を最大化します。

なお、「ハック」という言葉は、もともとはコンピュータの「ハッキング」からきていますが、いまではさまざまな場面で行われる気の利いた工夫をすることをいいます。たとえば「ライフハック」という言葉を聞いたことのある人もいるのではないでしょうか。ちなみに、ハッキングというとコンピュータに不正侵入する悪者のイメージがあるかもしれませんが、現在それはクラッキングと呼ばれて区別されています。ハッカーは正義の味方です。

業務ハックで大事にしているポイントは次の3点です。

- **小さく始めて繰り返す**
- **クラウドを使いこなす**

●現地現物ありきの改善

それぞれについて詳しく説明していきます。

小さく始めて繰り返す

業務ハックは、会社全体の業務を網羅した上で、すべて計画してから始めるようなことはしません。最も費用対効果が見込まれる業務領域を選んで、業務の見直しとシステム化を始めます。

システムは最低限の機能で、なるべく早く運用を開始することが重要です。システムは使い始めると、想定していなかった気づきが得られる場合が多々あります。また、使い始めた結果、当初とは異なる業務課題が生じることもあります。それらを見越して計画をたてることは難しいため、業務ハックでは変更を許容する「小さく始めて繰り返す方法」を大事にしています。

kintoneはアプリを作成すること、そして変更することが容易に行えるサービスである点で業務ハックに適したサービスです。最初から完璧なアプリを目指すのではなく、繰り返し改善を続けることが業務に適したアプリを作成する上で重要です。

クラウドを使いこなす

業務ハックでは作業の効率化(個別最適化)ではなく業務全体の最適化によって効率化を目指します。業務は複数の担当者間で成果物を受け渡しながら仕事を進めていくことが一般的です。このようなチームでの業務において、クラウドは力を発揮します。

業務で最も利用されているソフトといえば「Excel」でしょう。Excelは関数や数式を使いこなすことによって作業の効率を格段に上げることができます。しかしながら、共同作業がしにくいことが難点です。ファイルがいつの間にか複製され、どれが最新のファイルかわからなくなってしまったという経験がある方も多いのではないでしょうか。また、社外やスマートフォンからアクセスできずオフィスの外で勤務する人が使えない点もチームでの作業効率を下げる要因になります。

クラウドの良さはWebブラウザ経由でチームメンバーが同じ環境にアクセスできる点です。そのため、クラウドを使えば、データの分散を心配する必要がなく、場所や時間に関係なく業務を進めることが可能です。

現地現物ありきの改善

経営者からのトップダウンでの業務改革は、目指す姿と現状とのギャップが大きくどうしても現場が疲弊してしまうことが多いものです。働く人がついていけない業務改革は成功する見込みが低いでしょう。

では、働く人が中心となって業務改善を進めていくにはどうしたらよいのでしょうか。

みさかは現場の声を反映させながら少しずつ改善を続けたことで、自社の業務改善に声を上げてくれる仲間を作ることができました。

誰しもいままでのやり方を「変えさせられる」ことには抵抗があります。しかしながら、自身の意見が尊重され、納得する形で「変えることができる」のであれば前向きに取り組みたいと考えるはずです。

このように、現場の声を聞くということは必ずしも働く人のためだけではなく、業務改善に主体的に取り組む風土を構築する上で重要な役割を担っています。

kintoneを使った業務ハックの進め方

前述の3つのポイントを踏まえた上で実際の進め方について説明していきます。業務ハックでは次の3つのステップを繰り返し行っていきます。

- ステップ1：業務の見える化＝業務フローを作りましょう
- ステップ2：課題の発見と改善＝kintoneアプリを作りましょう
- ステップ3：現場の活用＝みんなに使ってもらいましょう

各ステップにおいて具体的にどのようなことを行うのかといった手段について解説していきます。

ステップ1：業務の見える化（＝業務フローを作りましょう）

業務ハックを進める上でまず最初に行うのが現状の業務の見える化です。現状が把握できなければハックする対象は見極められず、当然ハックすることなどできません。業務ハックをすすめる上で基本となるステップです。

業務担当者が業務ハックを行う場合、「業務への理解や課題の把握はできているので、この工程は飛ばし、改善案を出すことから始めよう！」と考えたくなるかもしれません。しかし、業務というのは個々人の工夫で成り立っている場合が多々あり、特定の人から見える業務は実際の業務とはずれている場合が多いです。必ずこのステップを行い、業務を正しく把握してください。

では、「業務の見える化」ではなにをすればよいのでしょ

◉業務ハックの3つのステップ

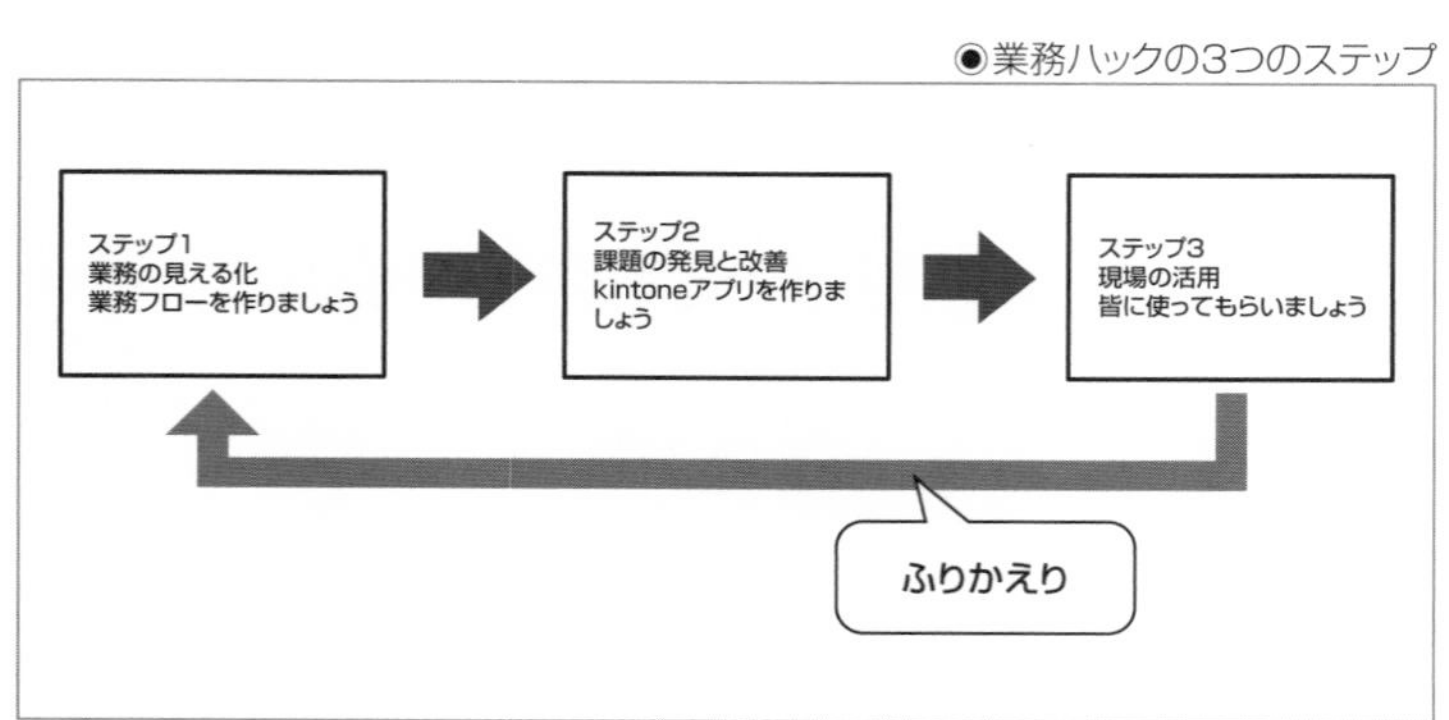

うか？

「業務フロー」を書いてください。業務フローとは業務の流れを図示したもので業務プロセスを可視化するためによく利用されているフォーマットです。部署や役職ごとのレーンと作業内容を表す図、そして、それらの図を結ぶ線で時系列に沿った業務内容を表現しています。

業務を可視化する方法としては、一覧形式で整理していくというものもありますが、そのような方法と比べると業務フロー図は担当者（部門）間でのやり取りや分岐をわかりやすく表現できるのでおすすめです。

特にkintoneを含むクラウドを活用することを前提とした業務ハックで

●業務フローの例

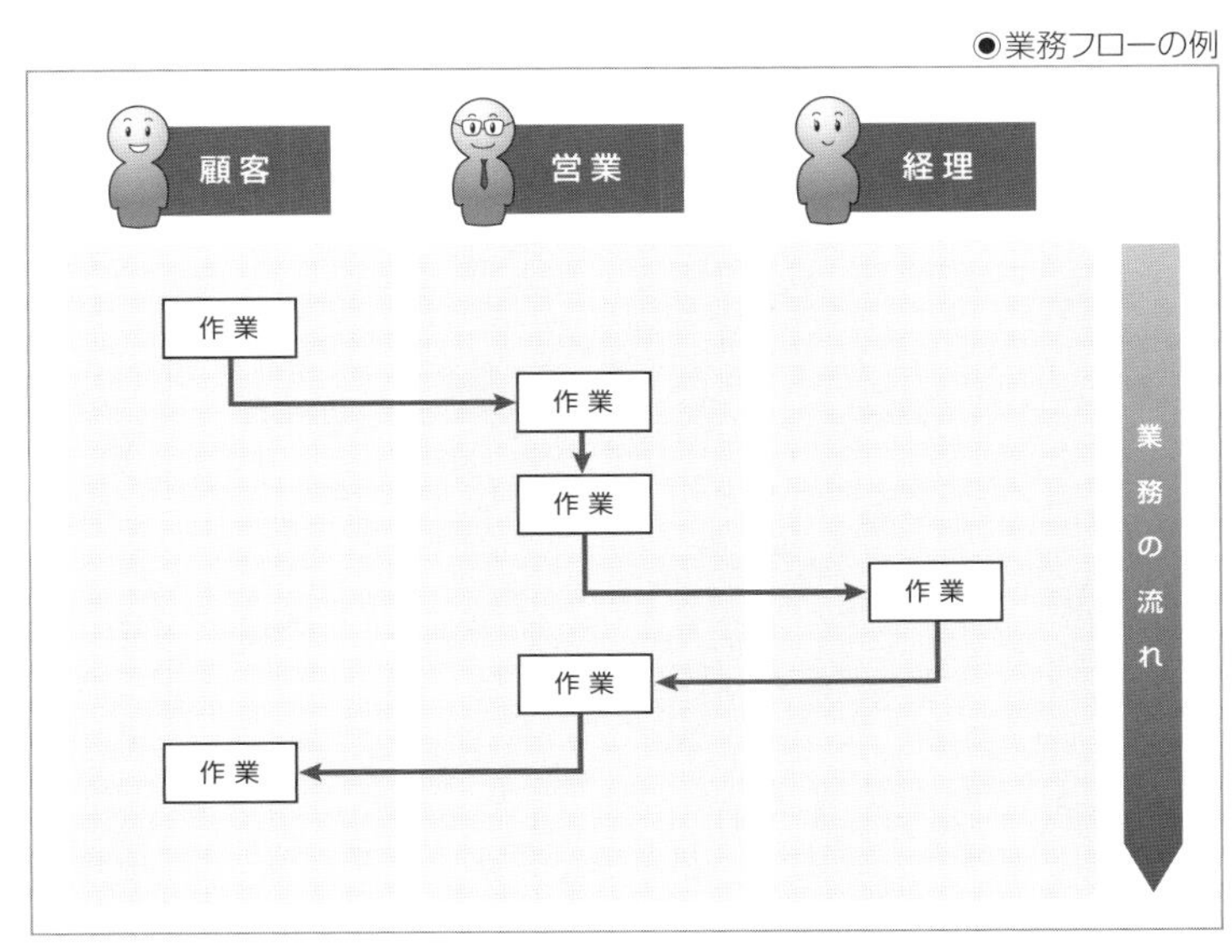

は、やり取りが可視化されているというのが重要です。業務ハックのポイントでもお伝えした通り、クラウドの導入はチーム間での情報共有部分で効果を発揮しやすいため、その部分を明らかにしておくことが改善案を検討する上で役立ちます。

業務フロー図の描き方

業務フローを描き起こす際は関係者を集めて行うのが望ましいです。ヒアリングの際にはホワイトボード上でまとめるなど、参加者と認識合わせをしながら進めましょう。

ヒアリングは時系列に沿って業務担当者に作業内容を質問するのが一般的ですが、実践するとなるととても難しいです。回答者によって説明する粒度が異なりますし、話があちこちに飛ぶなんてこともよくあることです。

ヒアリングで業務の理解を深めるためには、話の整理がしやすいよう次の順番で行うとよいでしょう。

❶ステータス遷移を整理する
❷現物（帳票・ツール）を押さえる
❸作業のつながりを聞いていく

それぞれ説明します。

❶ステータス遷移を整理する

ここで意味するステータスとは、業務の状態のことで「○○業務」で表せる業務がどのように遷移しているのかという整理をまず行います。製造業であれば『受注↓仕入↓発注↓出荷↓請求↓入金』といった具合にまとめていきます。

ステータスの推移を整理することで、大まかな業務の流れが理解できます。また、各ステータスの文言が決まることでヒアリングの参加者に共通言語ができるため、どの場面の説明をしているのか認識が揃いやすくなります。

ステータス推移の整理ができたら、まずはその文言を業務フローの上部に書いていきましょう。

❷現物(帳票・ツール)を押さえる

ステータス遷移の整理で大まかな業務の流れが示せたところで、次に行うのが各ステータス内で利用している「現物(帳票・ツール)を押さえる」ことです。

「帳票」とは見積書、発注書といった作業上必要な情報を記録したり、伝えるためのドキュメントのことです。「ツール」とはExcelや基幹システム、チャットツールなどの業務で利用しているシステムのことを指します。

なぜ、このような現物が必要なのでしょうか？　それは現物が必ず実際の業務を表すからです。人は質問に対し、曖昧な記憶や想像で回答してしまう場合があります。また、感情に影響を受けるという点からも正確さを求めることは困難です。

業務ヒアリングの場でよく目にするのが担当者の方が「わかりやすく説明しよう」との配慮からイレギュラーなパターンを排除して業務の流れを説明してしまう場面です。一見すると親切ではあるのですが、「イレギュラーだと感じているその作業が実はよくあるパターンだった……」なんてことは往々にしてありえることで、意図せず業務の理解を遅らせてしまう原因になります。その点、現物は信頼性が高く現状を把握するのに役立ちます。

紙の帳票であれば現物を、システムであれば写真や画面のスクリーンショットを印刷して用意しましょう。

❸作業のつながりを聞いていく

ステータス遷移を整理し、現物を押さえた段階でようやく作業内容を深堀りしていきます。ステータスの推移順で「この業務ではなにをしていますか?」と質問していくと時系列に沿って話せるので、関係者も説明しやすいです。説明の中で利用しているツールが出てきたら、「❷現物(帳票・ツール)を押さえる」の工程で用意した現物を業務フローの適切な場所に配置していきましょう。

このヒアリングのタイミングで特に注意して聞くべき点は「業務のつながり」です。業務はある作業担当者が対応した作業結果を顧客や次の作業担当者に引き継ぐ形で成り立っています。

作業担当者がその作業結果がどのように利用されているか知らないために、次の作業担当者にとって扱いにくい形で受け渡ししていることはよくあることです。

「業務のつながり」は無駄が発生しやすい場所であり、その無駄は関係者を集めたときくらいにしかわからないものなので、このタイミングで見直すのがよいでしょう。

◉作業のつながり

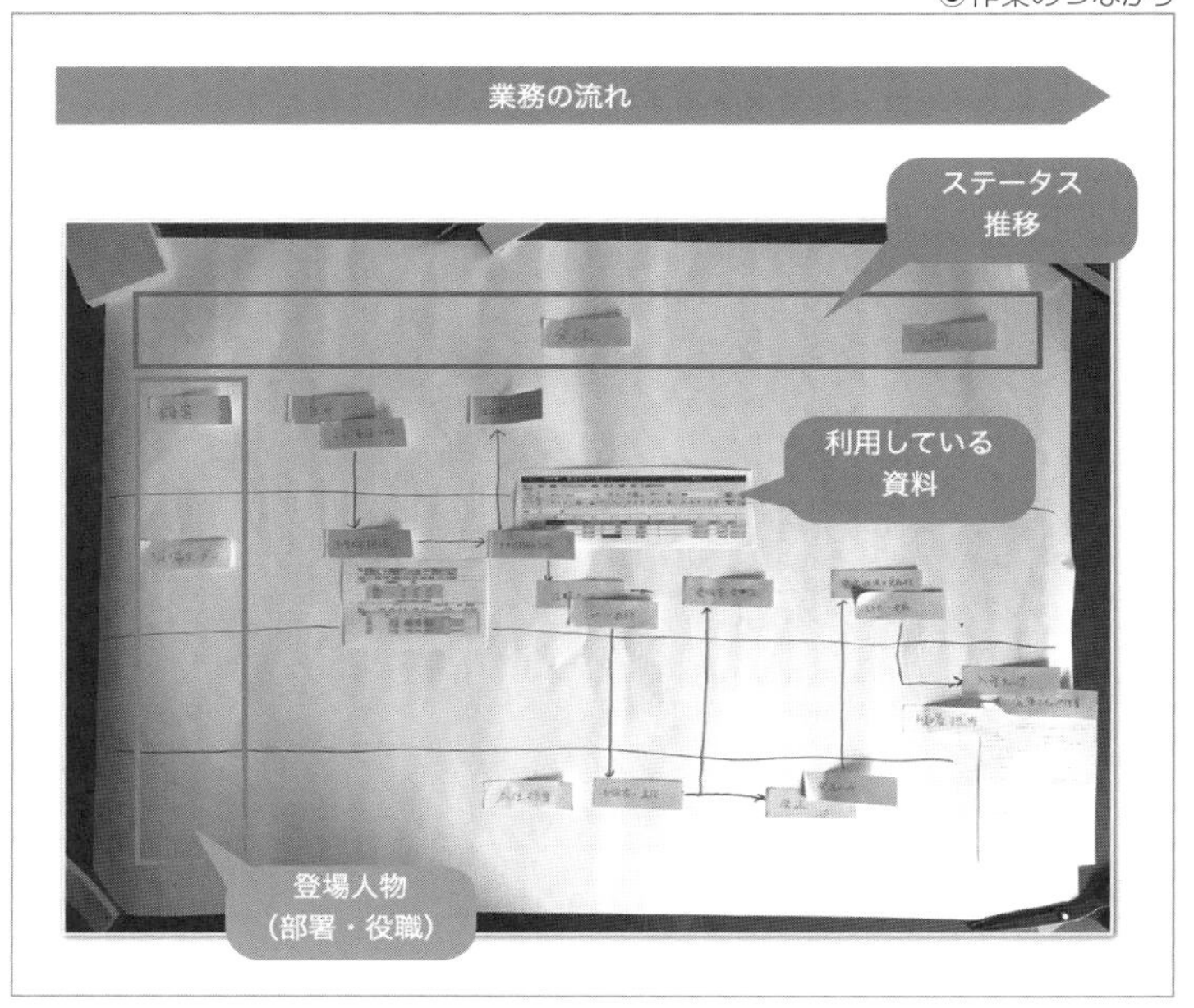

業務フローを描き起こすのは手間がかかる作業ではありますが、業務ハックを進めていく上で土台となる重要な工程です。この情報が不完全だと次のステップがうまくいかなくなってしまうので、業務の全体を抑えたフローを描くようにしてください。

ステップ2：課題の発見と改善(＝kintoneアプリを作りましょう)

業務の見える化ができたところで次に行うのは課題の発見と改善です。kintoneを使った業務ハックの進め方を説明していくので、ここでの改善とはkintoneアプリを作成することを目指します。

このステップでのポイントは「課題を見つける・改善案を検討する・アプリを作ってみる」を渾然一体で行うことです。課題が見つかったら、すぐに手を動かし、kintoneで試し、作りながら改善案を練り、それに合わせてアプリをさらに変えていきましょう。

根本的な課題の発見や最も効果的な改善案の検討、良いアプリの設計というのはできるに越したことはありませんが、当然、難しいです。考えてばかりいても何も進まないので、とにかくアプリを作ってみましょう。

kintoneは作ったアプリをすぐに使い始められますし、変更を加えていくことも容易にできます。その特徴を活かし、ぜひ試行錯誤して進めてください。

困ったときにはプラグインや連携サービスが解決の糸口になるので、それらも調べながら進めていくとよいでしょう。

以降では、業務課題をkintoneアプリを作成することで改善した具体的な事例を紹介します。

チームリーダーの判断を待ってる時間の無駄を解消

コミュニケーションにまつわる課題を改善した事例です。

業務ハックの手順に沿って、業務の見える化を進めていたときのこと、あるチームリーダーがぼそっと「私がつかまらないから、みんな迷っちゃてるんだよね……」と口にしたことがありました。

確かにそのリーダーは仕事の関係上、席を外していることが多く、メンバーが相談したいときにいないということが多かったのですが、メンバーは仕方がないことだと受け入れていたため、そのことに対して不満に感じることはそれまでありませんでした。

そのため、リーダー自身も特に問題なく業務が進んでいると思っていました。

業務フローをみんなで書いたことで、リーダーはメンバーの仕事の進め方がわかり、それをきっかけに自身の仕事の仕方を見直す機会になって、課題を見つけることができました。

では、この課題をどのように改善していったのでしょうか。

それまで案件の管理をExcelで行い、それについての質問はリーダーに声をかけられるタイミングで行っていました。その状態からkintoneを導入し、案件管理アプリを作成して、案件にまつわる質問は各案件のレコード上のコメント機能で行うように変更しました。

これにより、メンバーはコメント機能で、困ったタイミングで相談できるようになり、リーダーは出先であってもスマホから相談に返答できるようになりました。

改善案を検討した当初は、リーダーが外出先から返答できるという点にメリットを感じてスタートしましたが、実際やってみるとそれ以外の効果も感じることができました。

コメント機能を利用することで得られたメリットは次の通りです。

- 「後で質問しようとして忘れる」ということがなくなる。
- 他のメンバーの質問や回答の内容が残っているので何度も同じ質問をしなくて済む
- 「忙しくないだろうか?」と相手の都合を伺って話しかけていたが、その必要がなくなる

●コメント機能の活用

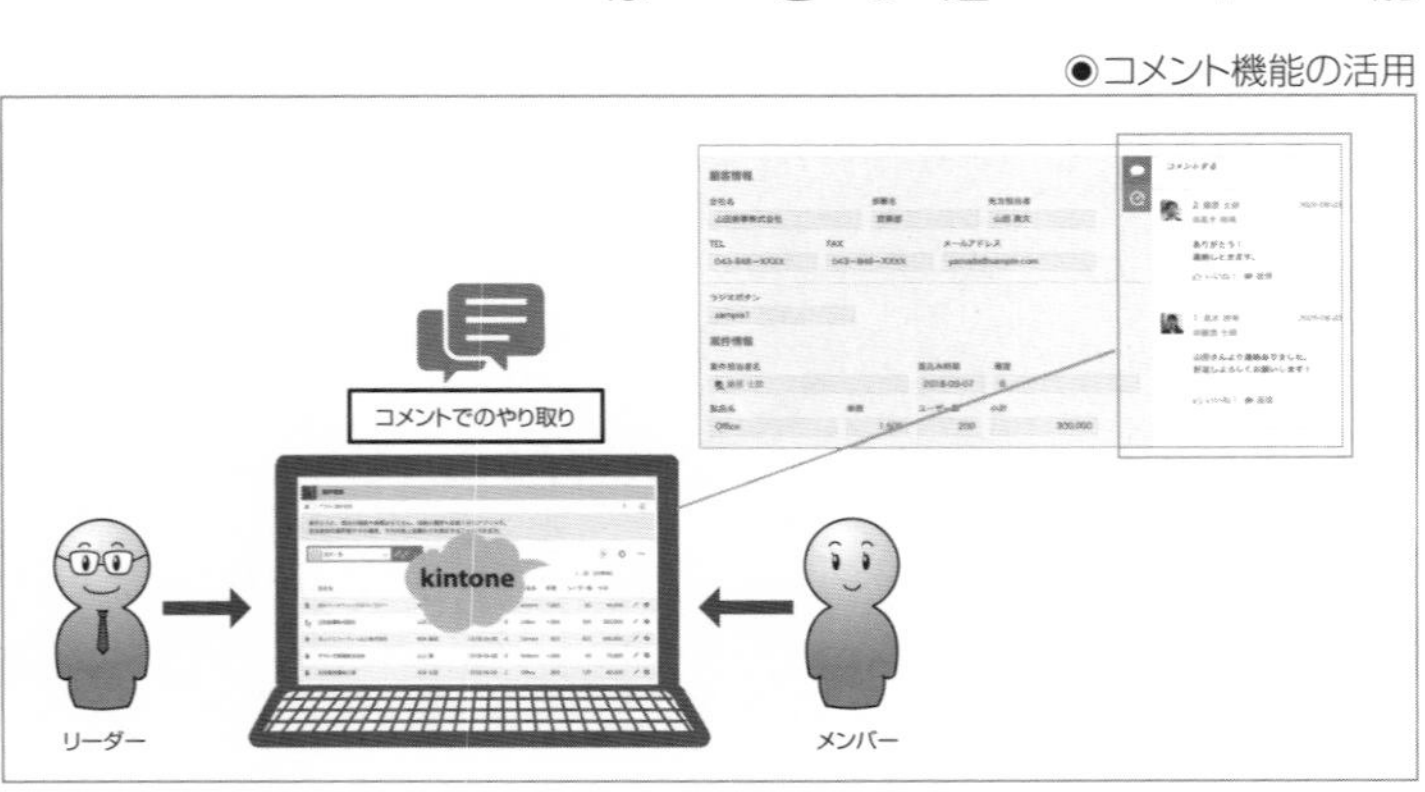

●都合の良いタイミングで返答できるので、途中で仕事を中断されずに済む

特定の役職や人でしか判断できない作業というのはどんな業務にも存在します。その際にはこの事例を参考に改善してみてください。

なお、今回の事例ではコメント機能を活用しましたが、場合によっては「スレッド」や「プロセス管理」といった機能を利用することもおすすめです(それぞれの詳しい機能については第3章の機能紹介を参照ください)。

大量データで開くだけでも大変なExcelを解消

Excelを使っていると起こりやすい課題をkintoneに移行して改善した事例です。

各種セミナーの受付と当日の案内を行う業務にて対応状況をExcelで管理していました。

あるとき、チームメンバーの残業が続いていることが気になったメンバーが手伝えることはないかと作業の様子を見ていましいした。

すると、利用していたExcelのデータ量の多さから動作が重く、作業がしにくい状況になっていることに気づきました。「動き重くない?」と聞いたところ「いつもこんなもんです。」との返答。これはまずいと感じ、このシートをkintoneアプリに置き換えました。

アプリを作成し、そこにExcelのデータを移行したところ、重さはまったく感じられず、動

作が格段と早くなりました。

また、一覧機能を利用すれば作業内容や担当者ごとに必要なフィールドやレコードのみを表示することができるため、視認性が上がり、作業効率が上がりました。

Excelでは対応状況のメモなど複数行の文章を残すのに、行が縦長になって見にくさがありましたが、kintoneを利用するようになると詳細画面やコメント機能のおかげでその点も改善できました。

いままで必要な情報を探すために、Excel上で上下左右にスクロールを繰り返していた作業がkintoneであれば素早く必要な情報にたどり着けるようになりました。

今回の課題は、作業している本人からすると日常なので困り事としてとらえにくいものでありました。第三者の視点で作業内容を見ることによって、改善点を見つけられる場合は多いです。たまにはチームメンバーでお互いに作業方法の見直してみるとよいでしょう。

また、今回の件で興味深かった点は、担当者本人はこ

●改善前と改善後の比較

改善前	改善後	効果
エクセル	セミナー管理アプリ kintone	
データ量が多く 動作が重い	1つのアプリに 100万件を登録した状態で 快適に使用できる	動作スピードが 格段に上がった
確認したい内容を探すのに 上下左右にスクロール	業務に合わせた一覧を作成 必要なレコード・必要なフィールド のみ表示出来る	必要な情報に 素早くたどり着ける
作業メモを残すと 一行が長くなる	複数行の文章も自動で1行になる コメント、詳細画面があるので 一覧上で表示する必要なし	視認性が向上

の作業について「困っている」と思っていなかっただけではなく、「頑張っている！」との達成感さえ感じていました。

業務課題を見つけるのには、ただ困っていることを尋ねるだけでなく、角度を変え、心理状況に寄り添った質問をしてみるとよいのかもしれません。

- 頑張ってるところありますか？→人力で行っている作業かも。自動化できる可能性あり
- 工夫していることありますか？→属人化しているかも。システム化(仕組み化)して誰もができる作業にしたほうがいいかも。
- 不安に感じていることはありますか？→判断に迷う箇所がありそう。判断できるだけの情報を渡す、判断条件を決める、業務担当者を判断できる人に変えると改善できるかも。

無駄な転記作業と情報共有の齟齬を解消

購買業務にて取引先とのやり取りを改善した事例です。

業務内容を簡単にまとめると、次のような作業を行っている業務です。

❶商品の注文

- エクセルの注文シートに注文内容を記述
- 取引先に発注書をメールに添付して送信

❷商品の受け取り

❸納品された内容をエクセルの注文シートに記述

課題としては、発注内容と納品状況を管理している注文シートに更新する作業が手間だと感じていました。また、Excelが更新されるまでのタイムラグや納品書からの転記ミスにより、誤った情報が共有され、業務に支障をきたすこともあり、困っていました。

それらの課題をkintoneに発注アプリを作成、アプリのデータを連携サービス「じぶんページ」にて取引先に共有することで改善しました。

じぶんページを利用すると、kintoneアカウントを持っていない外部のユーザーもアプリ内のレコードの閲覧や編集が行えるようになります。取引先にはじぶんページ上で受注内容を確認し、商品の配送完了後、その旨をじぶんページを通して報告してもらうようにしました。

その結果、発注アプリに最新の情報が必ず共有されている状態になり、かつ納品書からの転記作業をなくすことができました。

◉無駄な作業の解消

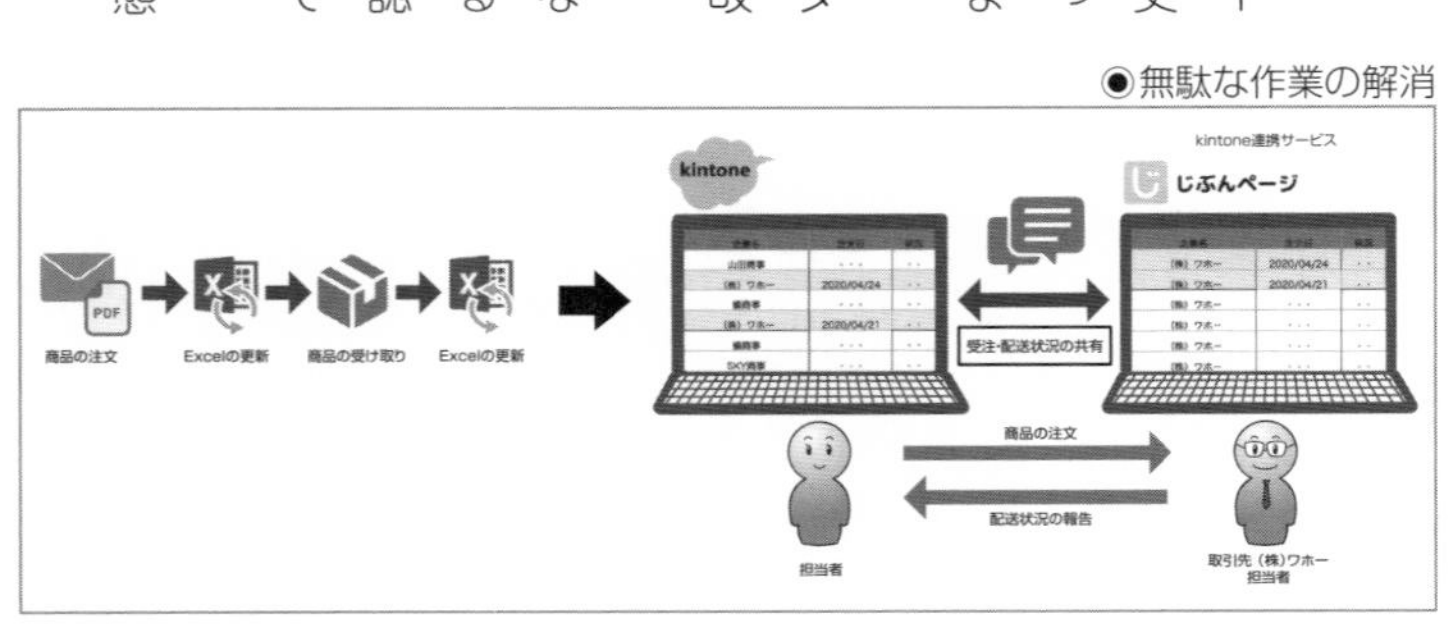

クラウドを利用すればみんなが同じ情報を見られるようになります。この特徴を社内だけではなく、関係各社を巻き込んで活用すると、より改善効果が上がっていくでしょう。kintoneのデータを外部の関係者に共有する方法はじぶんページ以外にも「kViewer」という連携サービスや「ゲストスペース」と呼ばれるkintoneの機能があります。それぞれコンセプトや機能が異なるので利用場面に合わせて導入するとよいでしょう。

ステップ3：現場の活用（みんなに使ってもらいましょう）

改善案を実施しただけでは業務ハックは終わりません。新しい取り組みを行った際には必ず抵抗を感じる人たちがいます。そのような人たちを巻き込み、新しい取り組みを定着させるためには実施後のフォローが重要になってきます。

ものがたり中でみさかもkintone導入後、説明会を開催したり、現場を歩き回り社内の仲間をサポートしていました。ここで改めて、改善案導入時に実施することをまとめていきます。

作業が開始できるようにデータを準備する

作業を開始する時点で必要になるデータ、たとえば、アプリを利用する上で基礎となるデータや過去データは現場の人に利用してもらう前に準備をしておく必要があります。

基礎となるデータとは、たとえば「受発注アプリ」を利用するのに「商品リストアプリ」や「取引先アプリ」から情報を取得している場合、それらのデータのことを指します。

実データを登録してみると、アプリで足りていない点があることに気づける場合が多いです。データを準備する工程は、現場担当者がすぐにアプリを利用開始できるためにするために行うものですが、アプリのブラッシュアップに役立つという点を踏まえ、説明会の前に行っておくとよいでしょう。

説明会を開催する

説明会ではただ使い方を説明するのではなく、参加者に実際にkintoneを触ってもらうような時間にするのがよいです。実際に業務でkintoneを利用するイメージがつくような会を目指しましょう。

では、具体的に説明会はどのような内容で行ったらよいのでしょうか？　説明会スケジュールのサンプルを用意したので、これをもとに自社の状況に合った方法で進めてみてください。

❶ kintoneというサービスの説明をする

kintoneはアプリの改善を容易に行えることや、新しくアプリを追加していけるという特徴を説明し、フィードバックに対応できる旨や別の業務でも使える旨を共有しておくとよいでしょう。

❷kintoneへのログインを一緒に行う

はじめて利用するツールでは案外ログイン時ですでに戸惑いが生じていることが多いです。一緒に作業を行えばスムーズに利用開始ができるので、この作業から行うとよいでしょう。

❸作業手順に沿って、レコードの閲覧・登録・削除などの機能を触ってもらう

いままでの作業手順と比較して、どこがkintoneに変わったのかを説明すると担当者は理解しやすいです。

❹kintoneを自由に触ってもらう

一度の作業では手順は覚えられません。説明した内容を各自で行えるのか、セルフチェックの意味も込めた自由に機能を触ってもらう時間を設けましょう。

❺質疑応答とアプリに対するフィードバックを集める

会の最後は担当者の不安を解消し終わりましょう。kintoneに対するフィードバックがあればできる範囲でその場で修正するのがおすすめです。kintoneは変えていけるものである

という点を実感してくれますし、フィードバックの結果が反映されることで自身の意見は伝えてよいということを感じてくれます。この経験がアプリや業務ハックに対して主体性を持つきっかけになることが多いです。

また、説明会を円滑に進めるためにできる工夫がいくつかあるのでご紹介します。

- 新しいツールを使うことへの得意不得意は人によって異なります。参加者間でその差が大きい場合、2つにチームを分けるなどして参加者の理解のスピードが同じぐらいになるようにするとよいでしょう。
- 説明をしながら参加者の様子を確認することは難しいです。説明会当日、参加者のサポートを担当してくれる協力者のお願いをしておくと心強いです。
- 簡単でもいいのでリハーサルを行っておくと、質の良い説明会が行えます。当日の流れをたどっておくと検討しといたほうがよいこと、たとえば説明会の資料は必要なのか、参加者へ持ち物を伝えとくべきか、会場のレイアウトはどうするのかなどのイメージが湧いてきます。

現場にて作業のサポートを行う

作業に慣れるまでが一番kintoneに対しての不満が起きやすいです。この時期にすぐに不満を解消できる体制が整っていると抵抗感は最低限に抑えられます。

担当者の不満は実は質問に回答することや、kintoneの設定を少しかえるだけで解消できる場合も多いです。しかしながら、それを知らない業務担当者は不都合を運用でカバーする傾向があり、不満が顕在化されにくい状態にあります。

現場担当者の気持ちに寄り添うためにも、使い初めのうちはコストをかけてでも、できる限り入力作業を一緒に行うなど、作業のサポートを行うとよいでしょう。

ふりかえりをして、次の業務改善へ

業務ハックのポイントは、一度の業務改善で終わりにしないことです。繰り返し改善して、さらなる業務ハックを進めましょう。そのためには、一区切りついたところで「ふりかえり」をしましょう。

ふりかえりとはチームや現場の人たちと一緒に次のようなことを話し合う機会のことです。

- **今回の業務ハックをやってみて、良かったことはなにか**
- **もうちょっと、うまくやれたら良かったことはなにか**
- **次にやるなら、どうすればうまくいくか**

反省会ではないので、犯人探しなどせず、より良くするためのアイデアを出し合いましょう。

ふりかえりが活発に進むようになるためには次のようなことに気をつけましょう。

ふりかえりの時間を確保する

やらなくても業務が回っていくような「ふりかえり」の時間はどうしても後回しにされがちです。毎週もしくは隔週ぐらいのペースで現状のふりかえりを行うようにあらかじめ定例会議としてスケジュールに組み込んでおきましょう。

ふりかえりの定着が進むと、決まった時間がなくとも各々が業務を行いながら、ふりかえりを行っているという状態になっていきます。ふりかえりの定着こそが、業務ハックの定着であり、改善マインドの定着なのです。必ずこの時間を確保するようにしましょう。

個人の技術や性格を責めるのではなく仕組みに目を向ける

失敗を責めるような風土の中ではうまくいかなかったことを挙げにくいです。責められることを恐れ、失敗を隠すようなことさえ起きてしまいます。正しく課題をとらえるためにも、うまくいかなかったことを個人の失敗として扱うのではなく「やり方や環境に問題があるのではないか?」と視点を変えてチームメンバーと話し合いましょう。

同様にうまくいかなかったことを自分の責任としてとらえることもやめましょう。自分がうまくできないことは他の人にとっても難しいやり方になっている可能性が高いです。業務が良くなる伸びしろだと考え、チームメンバーに積極的に共有していきましょう。

ふりかえりのその後

業務ハックは繰り返し改善サイクルを回すことで、効果を上げていく改善手法です。一度の改善で終わらせるのではなく、「繰り返すこと」がとても重要です。

ふりかえり行ったあとは、その結果をもとに業務ハックのステップ1に戻って改めて業務の見える化を進めていきましょう。

業務改善を超えた先にある自己改善できる組織へ

kintoneを使った業務改善を続けていくと「自分たちで改善できる」という意欲が育っていきます。人は、変わらないと思っていると絶望感に苛まされて、意欲がなくなるものですが、自分たちで変えていけるという希望が持てれば、主体的に未来に向けて行動していくものです。

みさかを後押ししてくれた人たちがまさにそうであったように、業務ハックを続けることで、主体的に行動してくれる人たちが一人、また一人と増えていきます。

そのような改善マインドを持った仲間が増えていくことは、最終的に会社の企業文化も変えてしまうことでしょう。業務ハックで、「自己改善のできる組織」への第一歩を踏み出しましょう。

第6章 「内」から「外」へ

かくして設楽マシーナリー社内へのkitone本格導入が始まった。本社はもちろん、国内に点在する営業拠点にも展開することになった。当然、近い将来の海外展開も見据える。みさかはいままで以上に忙しくなった。

kintoneの本格導入を通じ、2つのポジティブな変化があった。

その一つに、場所にとらわれない働き方が可能になってきたことが挙げられよう。

kintoneは、Ｗｅｂブラウザで利用できるクラウドサービスである。いままで使っていたExcelの管理表は、設楽マシーナリー社内のファイルサーバに置かれていた。そのExcelファイルには、各自の自席のパソコンからでないとアクセスできない。営業部など外出の多い社員は、管理表のデータを参照あるいは更新するためにわざわざ外出先からオフィスに戻っていた。倉庫で働く物流部のスタッフも、在庫などを確認してその結果を管理表に入力するために、いちいち執務室に戻ってデスクトップパソコンを操作しなければならなかった。これがなかなかの手間なのである。

管理表をkintoneに移行したことにより、自席以外からでもアクセス可能になった。モバイルのノートパソコンやスマートフォンから、管理表のデータ更新や閲覧が可能になったのである。これには、営業部の社員は大喜びだった。出張先から管理表を確認し、顧客に納期や価格を回答をできるようになった。なおかつ、管理表を操作するためにわざわざオフィスに戻る必要がなくなった。外出先から直帰できるようになり、ワークライフバランスが向上した。物流部は倉庫にiPadを設置。執務室に戻らなくても、商品の在庫や入出荷状況を目の前で確認して、そのまま管理表にインプットおよび管理表のデータと照合することができる。データのインプットミスや照合ミスも減った。

さらに、みさか自身が意外な恩恵を受けることになる。

ちょうどそのころ、設楽マシーナリー社内では「働き方改革」の施策検討がなされようとしていた。その一つに、テレワークがあった。テレワークとは、自宅などオフィス以外の場所から仕事ができるようにする仕組みを指す。みさかはここぞとばかりに手を挙げた。

設楽マシーナリーの本社移転を機に、みさかの通勤時間は大幅に増えた。毎日、片道およそ2時間かけて通勤している。このロスは大きい。kintoneで業務が回るようになり、場所にとらわれない働き方が可能になった。そこで、みさかは上司と相談し、テレワークを利用することにしたのである。いまでは週1回程度、あるいは交通機関がトラブルなどで通常運行していないときなどは自宅で仕事をしている。働き方改革を促進したい会社としても、渡りに舟だ。

もう1つのポジティブな変化。それは、社員の意識が外に向いてきたことだ。

「ねえ、みさかちゃんが参加している業務改善の勉強会やイベント。私も行ってみたいんだけれど……」

みさかは変わらず、kintone関連の勉強会や、業務ハックイベントなどに積極的に出て業務改善推進のためのインプットを得ていた。その姿を見た、管理課の先輩社員がある日こう言ってきたのである。みさかは跳び上がりたくなるほど嬉しかった。

テレワーク体制を整えたことで、社外の勉強会やイベントにも出やすくなった。中には平日の夜に開催されるものもある。会場はいずれも都市部だ。設楽マシーナリーの本社があるのは郊外。定時までギリギリで本社で仕事をしていると、参加が叶わない。いまでは、自宅から会場に直行、あるいは定時より早く本社を出発して会場に向かいやすくなった。移動中やイベント会場からリモートで業務対応できるからだ。これにより、業務と社外での学習が両立しやすくなった。

場所にとらわれない働き方。それにより、社員の意識が「内」から「外」に向いてきた。

解説

会社の垣根を超えた仲間を作ろう

業務改善の旗振りに指名されたとき、作ったアプリが使われなかったとき、業務改善プロジェクトが凍結しそうになったとき、これまでのみさかのピンチを支えてきたのは「コミュニティ」の存在や業務ハッカーの遥でした。

業務改善の役割を担うことは、時に社内の反発にあい孤独を感じることもありますし、改善効果がなかなか出ず心が折れそうになるときもあるでしょう。

そういったときに、前向きな気持ちにさせてくれる人々の出会いを得られるのが「コミュニティ」の存在です。

コミュニティに参加すると、自分と同じような取り組みを行っていたり、同じような悩みを抱えている人たちがいるということに気づけるでしょう。

そのような人たちの関わりは勉強になることはもちろん、共感が生まれやすく楽しいものです。ぜひ積極的に活用してみてください。

コミュニティに参加してみよう

この本を読まれている方の中には「コミュニティ」という言葉が聞き慣れていない方もいらっしゃるかもしれません。情報収集や勉強を行う場所といえばセミナーやイベントといったもののほうが馴染みがある方も多いことでしょう。

セミナーやイベントが主催者から参加者へ情報を伝えてる場であるのに対し、コミュニティの多くは主催者と参加者がフラットな関係性でともに学び合う場として提供されています。ただ参加するだけではなく、積極的に関わっていくことができる場であり、そうすることによって、より楽しみや学びを得られる場所です。

その点を踏まえると、まずは関連するイベントに参加してみることのほうが気軽かもしれません。そこで関心を高めた後にコミュニティに参加していくのもよい方法だと思います。

では「積極的に関わる」とはどんなことをすればよいのでしょうか？　一例を挙げてみたいと思います。

- 継続的に参加してみる
- 参加者や主催者SNSでつながってみる
- 登壇者に声をかけてみる
- 主催者に声をかけ運営を手伝ってみる
- 登壇してみる

どれも難しそうと感じるかもしれませんが、想像以上に良いに変化をもたらしてくれるはずです。ぜひ少しずつ試してみてください。

イベント・コミュニティの探し方

「イベントやコミュニティに参加したい！」と思ったものの「どうやって探せばいいの？」と疑問に思う方もいらっしゃるでしょう。インターネット上のキーワード検索で探すことももちろん可能ですが、そういった情報をまとめたサイトがいくつかありますので紹介します。

- connpass
  URL https://connpass.com/
- Doorkeeper
  URL https://www.doorkeeper.jp/
- TECH PLAY
  URL https://techplay.jp/

サイト上でkintoneや業務改善、業務ハックといったキーワードや、地域で絞って検索をかけると自身に合いそうなイベントを見つけられます。

これらのサイトにはイベントを開催しているグループやキーワードをフォローするという

機能があり、関連した新しいイベントが追加された際にメールで通知がくるようになっています。

興味があるイベントがすでに開催を終えていたという場合でも次回の開催を期待してフォローしておきましょう。

イベント・コミュニティ紹介

kintoneや業務ハックに関するイベントやコミュニティで定期的に開催されているものについていくつか紹介していきます。

kintone hive

サイボウズが運営する、kintone公式のイベントでkintoneを利用している方であれば誰でも参加可能です。kintoneを業務で活用しているユーザーが集う場で、コンテスト形式の事例発表やkintone開発者による活用アイディアの披露などが行われます。

事例発表では、kintoneの活用方法はもちろん、kintoneを導入する上での困難をどう乗り越えたのかといったリアルな声を聞くことができます。

- kintone hive(キントーンハイブ)公式ポータルサイト

  URL https://kintone.cybozu.co.jp/jp/event/hive/

◆参加者の声

kintoneのことをよくわからない状態での参加だったけど、事例を聞いていて失敗しても良いんだと思えた。みんな失敗しながら進んでるんだということがわかった。

kintone Café

kintoneに触れたことのない方から、より高度なカスタマイズを行いたいと考えているプロフェッショナルの方まで幅広い層を対象にした勉強会コミュニティです。楽しく学び・教え合うことで、kintoneの魅力や活用法をみんなで共有しています。

全国各地で支部が立ち上がり活動が行われているので、ぜひ自身の地域で開催されているkintone Caféを探してみてください。

- kintone Café

URL https://www.kintonecafe.com/

◆参加者の声

公の発表の場では語られないような失敗談など、裏話を聞けるのはコミュニティならではだと思います。

実際のアプリを見せてもらえて、こんなこともできるのか!と引き出しが増えた。

業務ハック勉強会

業務改善に取り組む人「業務ハッカー」が集まり、そのノウハウを楽しく語り合う勉強会です。Excel(VBA)やkintoneといった特定の技術やサービスに絞らず、「業務改善」そのものに焦点を当て、最近の取り組みや、気になっているサービスなどを共有し合っています。

業務ハッカーみんなに楽しめる環境を提供したいとの思いから、全国各地で勉強会から始まりましたが、昨今では気軽に参加できるオンラインでの勉強会が盛り上がりを見せています。

● 業務ハック勉強会

URL https://gyomuhackers.connpass.com/

◆参加者の声

オンライン勉強会は気軽に参加できて良い。参加者とは雑談のような気軽さで情報共有をしているが、しっかり学びがあり面白い。

業務改善について語り合える仲間が欲しいという思いから始めました。やってみると予想以上に楽しく、中でも参加者全員が自分たちの業務を相談し合う交流タイムは学びが多いです。

情報収集をする方法

わからないことがあっても、インターネットにはたくさんの情報があります。自身で必要な情報にたどり着けるようになることもkintoneを活用できるようになるためには重要な技術です。情報収集の方法についていくつか紹介していきます。

公式ドキュメントを読もう

kintoneを提供するサイボウズ社ではkintoneに関するさまざまな情報を公開しています。製品の概要から、活用事例、各機能の説明、導入成功のコツまで、どの立場の人でも役立つ盛りだくさんのコンテンツになっています。kintoneについて知りたければ、困ったことがあればまず公式の情報を読むとよいでしょう。

kintoneの公式サイトは、次のURLです。

- kintone公式サイト

  URL https://kintone.cybozu.co.jp/

kintoneを利用する上で役立つ資料が次のURLで幅広く用意されています。比較的易しい内容が多いので、使い始めの方に特におすすめです。

● kintone 各種資料

URL https://kintone.cybozu.co.jp/material/

「kintone hive online」というkintone公式ブログでは、kintoneの活用方法やイベント情報、ユーザー事例などが掲載されています。kintoneをより活用していきたいと考えている方におすすめです。

● kintone hive online(kintone公式ブログ)

URL https://kintone-blog.cybozu.co.jp/

次のURLにはkintoneの機能について用語やできること、設定方法などがまとめられています。kintoneアプリを作成する際に利用することの多いページです。

● kintone ヘルプ

URL https://jp.cybozu.help/k/

Twitterを活用しよう

情報収集は困っていることを主体的に探しにいくことが基本となりますが、Twitterを利用すれば自然に関心のある情報が集まってくる状態を作ること可能です。「kintone」や「業務ハック」といったキーワードで検索し、関心のある事柄を発信している人を積極的にフォローしていきましょう。

また、ハッシュタグと呼ばれるツイートを分類してくれる機能も活用するとよいです。各コミュニティやイベントには指定されたハッシュタグがあります。「kintone Café」であれば「#kintonecafe」というハッシュタグに決まっています。これらのハッシュタグを追うことで、参加できなかったイベントの様子も知ることができます。

ブログを読もう

ブログにて情報を集めるのも良い方法です。kintone関連のサービスを提供されている企業や、kintoneを活用しているユーザーの書くブログは実践的な内容が多いです。自身では思いつかないようなアイディアで課題を解決していたり、知らなかった機能や連携サービス知れる楽しいコンテンツだと思うのでぜひ活用してみてください。

おすすめのブログをいくつか紹介していきます。

- JOYZO　kintoneを便利に使う方法を紹介するブログ

  URL https://www.joyzo.co.jp/blog/

- プロジェクト・アスノート

  URL https://pj.asunote.jp/

- kinbozu

  URL https://kinbozu.com/

最近では「note」というコンテンツ共有サービスにて記事を公開している方も増えています。こちらのサービス内で「kintone」や「業務ハック」「業務改善」と検索して情報収集するのもおすすめです。

- note

  URL https://note.com/

Twitterやブログを用いた情報収集の方法について紹介してきました。

最近ではYouTubeを用いた動画や音声で情報を発信する方も増えてきています。これらのコンテンツは文章では伝えにくい部分が解消されていたり、気軽に視聴できるといったメリットがあります。こちらもぜひ上手に活用してみてください。

情報発信してみよう

不思議な感じがしますが、情報は発信することで集まってくるという側面があります。自身の考えを発信すると、その内容に共感する人とのつながりが生まれたり、フィードバックを得られるようになったりします。

もちろんはじめはなかなか反応がかえってこないものですが、〝give and giveの精神〟でまずは情報を発信し続けることを始めて見てください。

Twitterでつぶやいてみる

気軽に始められる情報発信といえば短い文章で投稿できる「Twitter」です。

あまり気を張らず、kintoneの好きなところ、最近やってみたこと、困ったことを「#kintone」というハッシュタグとともにつぶやいてみてください。

Twitter上にはkintoneを活用している方々がたくさんいます。好きなところをつぶやけば共感を得られることもありますし、困ったことをつぶやけば助けてくれる方もいます。

そういった方々とのつながりがkintoneでの改善をより楽しい活動にしてくれます。

つぶやくことがハードルが高いと感じる方は、まずは「いいね」や「リツイート」機能を使い、自身がその情報に興味があるということを示すことから始めるとよいと思います。

プロフィールの自己紹介欄に「kintone勉強中」や「業務改善が好き」といった内容を入れて

おくことも、つながりを作る上でおすすめです。

ブログを書いてみる

情報発信の媒体として一般的なブログですが、はじめて書く方にとってはどんな内容を投稿したらよいのか迷うものだと思います。そんなときは自身が困ったことやその解決方法を自分へのメモのつもりで書くとよいです。

kintoneを使っていると設定方法で戸惑ってしまうことが多々あると思います。そういったときに解決方法をまとめておけば同じような事柄でもう一度迷うことを防ぐことができます。また、自身が戸惑った部分というのは案外、他の人も同様に戸惑うことが多いものです。

自身のために書いたものでも、他の人にも役立つものである場合は多いので、大したことないと考えず積極的に共有していきましょう。

イベントで登壇してみる

登壇することは勇気が必要で、躊躇してしまう方が多いかと思います。しかしながら、一度その経験をしてみると収穫の多さに驚くことでしょう。

登壇するためには、自身がやってきたことを言語化していく必要があります。この工程が自身の取り組みを抽象化し、再現性の高い学びにしていきます。また、自身にとっての当たり前が他の人にとっての大きな発見になる場合も多くその反応は喜びと、自信を与えてくれます。

登壇が難しいと感じる方は、何度か参加したコミュニティ内で登壇したり、「LT（ライトニングトーク）」と呼ばれる短い時間でのプレゼンテーションの場に挑戦するのがよいかもしれません。

勇気を出して一歩を踏み出してみてください。

エピローグ　広がる業務ハックとセイチョウの輪

それから3カ月がたとうとしていた。

まだ冬の寒さが抜けきらない、4月の第二週目の日曜日。業務ハック勉強会の会場は、いつにない熱気に包まれていた。

業務ハッカーの輪は、会社を越え、地域を越えて広がっていた。最近は、遠方から新幹線や飛行機に乗ってやってくる参加者もいる。

皆、「業務改善」というテーマのもとに集まり、ともに悩み、ともに苦しみ、ともに喜びあう仲間たちだ。

改善推進者は孤独になりがちだ。

社内に理解者がいない。無関心な上司にやる気を削がれる。抵抗勢力に行く手を阻まれる。心が折れそうになることもある。あたりまえだ。改善推進者だって人間なのだから。

そんなとき、仲間の存在は本当にありがたい。たとえそれが社外の人であっても、同じ釜の飯を食う仲間は改善推進者、いや、業務ハッカーの強い味方だ。

「自分はひとりじゃない」

そう思えるだけで、人は強くなれる。

プログラムは時間通りに進んでいった。いよいよ本日の目玉。keynoteセッション（基調講演）である。遅れてきた参加者も加わり、会場は満席近い賑わいとなった。小休憩をはさみ、前方の明かりが静かに落とされる。まもなく、壇上に小さな影が表れた。

「設楽マシーナリーの、一宮みさかと申します」

参加者の熱い眼差しが注がれる。みさかは一瞬にこりと表情を緩め、再び姿勢を正した。

「今日は私が1年かけて仲間たちと進めてきた、カイゼンとセイチョウのものがたりをお話したいと思います。聞いてください」

会場の参加者を眺める。みさかはちょうど1年前、この会場の端っこに決まり悪そうな顔で座っていた自分を思い出した。かつての目立たないイチ参加者が登壇者として、いや、業務ハッカーとして帰ってきた。あのとき、もし一歩を踏み出していなければ、いまこうして人前でセイチョウのストーリーを語ることはなかったに違いない。そして、こうした発信もまた業務ハッカーを一回りも、二回りもセイチョウさせるのだ。

あっという間の15分だった。みさかは大きな拍手で包まれた。誇らしい表情で、改めて会場を見渡す。……と、一番後ろの端っこの席に暗い顔を見た。空席をはさみ、ポツンと座る女性ひとり。その姿に、みさかは1年前の自分を重ねた。

——今度は、私が遥さんから受けたバトンを渡す番だ！

また一つ、小さな決意をしたみさか。馴染みの参加者との挨拶もそこそこに、ゆっくり会場後方に向かう。そして、おどおどと会場を去ろうとするその背中を優しくとめた。

「今日の勉強会はどうでしたか？」

解説

明日から始めるはじめの一歩

ここまで読み進めたあなたなら、「早速kintoneを試してみたい！」そう感じるのではないでしょうか。ここからそんなあなたにkintoneの使い方を学ぶための5つのステップとそれぞれのステップで参考になるページやサイトを紹介しています。

ご自身が利用することはもちろん、社内のメンバーにkintoneを紹介する際にもぜひ活用してください。

kintoneの使い方を学ぶ 5つのステップ

ステップ1：お試し申し込みをしよう

ステップ2：kintoneの概要を知ろう

ステップ3：kintoneアプリを作成してみよう

ステップ4：アプリの基本的な操作方法を知ろう

ステップ5：ユーザーをkintoneに招待してみよう

ステップ1：お試し申し込みをしよう

kintoneは30日間無料でお試し利用が可能です。早速、申し込みをし、kintoneの機能を試してみましょう。

ステップ2：kintoneの概要を知ろう

書籍を読み進めてきたあなたならすでによく知っている内容が多いと思いますが、改めてkintoneの特徴について振り返ってみましょう。

- 製品の概要を「情報共有化」「ファストシステム」「モバイル」の3つの特徴で解説

  URL https://youtu.be/a3PyuStcCOw

- キントーンでできることを製品の画面を使ってご紹介

  URL https://youtu.be/75Ti-ULYbQo

◉お試し利用

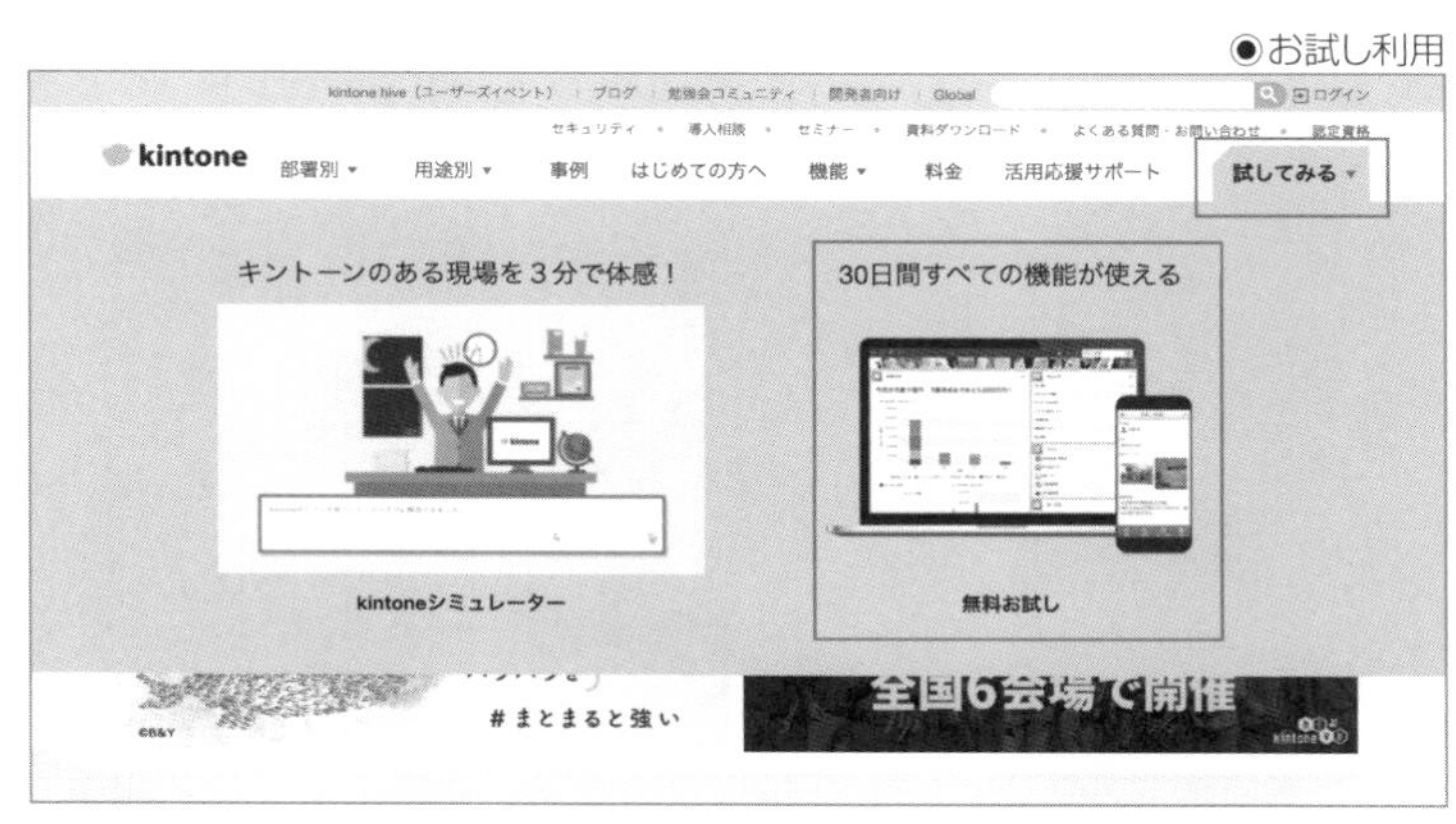

ステップ3：kintoneアプリを作成してみよう

kintoneのアプリ作成の方法について学びます。情報量が多いので、全部のやり方を覚えようとはせず、どんな作成方法や機能があるのかなんとなく把握するつもりで全体を流しながら見てください。

自作のアプリを作成し始めると再度確認したくなる内容だと思います。その際に改めて必要箇所を読み直しながら作業を進めるとよいと思います。

現在利用しているExcelをもとにアプリを作成する方法について説明した動画です。この書籍内でみさかが作成していた方法です。

- **Excelファイルを読み込んでアプリを作成してみよう**

  URL https://youtu.be/j_RSeyBNvnM

既存のアプリテンプレートからアプリを作成する方法について説明した動画です。

- **100種類以上のテンプレートから業務に使えるアプリを選んでみよう**

  URL https://youtu.be/6yD0t9UEcLQ

ゼロからアプリを作成する方法について「日報アプリ」を例に説明した動画です。動画と一緒に実際に手を動かしアプリの作成を行ってみるとよいでしょう。

- アプリ作成の基本①ドラッグ&ドロップで項目を組み合わせてアプリを作ろう

  URL https://youtu.be/FFWlvCN22jU

- アプリ作成の基本②一覧画面に表示するデータを絞り込もう

  URL https://youtu.be/GSZ_F6e1Ty0

右記4つの動画が基本的なアプリの作成方法です。ここまでできればステップ4に進んでいただいて構いません。なお、第2章で紹介したフィールドや、第3章で紹介した機能を使いたい場合には、これから紹介するコンテンツを参考にするとよいでしょう。

グラフの作成方法について説明した動画です。

- 自動集計機能を使ってデータをグラフで見える化してみよう

  URL https://youtu.be/Ekyq6t15lMM

- データをかけ合わせてクロス集計を作ってみよう

  URL https://youtu.be/m3NqFZ6i9YM

ルックアップについて説明した動画です。

- 「ルックアップ」を設定して他アプリから情報をコピーして入力しよう

URL https://youtu.be/yt7DUYehO9Y

アクションについて説明した動画です。アクション機能とは指定したアプリにレコードのデータをコピーできる機能です。

- 「アクション機能」を使って、アプリのデータを他のアプリにコピーしよう

URL https://youtu.be/bJ2NqGHFjvw

プロセス管理について説明している動画です。

- ワークフローの設定①ワークフローでできることを理解しよう

URL https://youtu.be/BN51WuBBO3E

- ワークフローの設定②ワークフローをアプリで設定してみよう

URL https://youtu.be/pgeLyM-XMW4

スペースについて説明している動画です。

- **スペースを作成して、チームのコミュニケーションを効率化しよう**

  URL https://youtu.be/IOzIA6XoCdU

動画で説明されていない機能についてはガイドブックから学びましょう。なお、動画で説明されている機能についても概要を知るのは動画、アプリ作成時などより詳しい使い方を知りたい場合にはガイドブックと使い分けるとよいでしょう。

- **ガイドブック**

  URL https://kintone.cybozu.co.jp/material/#guidebook

◉ガイドブック

もっと使いこなしたい

便利に使おう

複数のデータを１つのレコードに登録するときに、自由に行を追加する方法

合計金額や時間などを自動計算して、計算結果を表示する方法

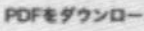

売上情報などアプリに登録された情報からグラフを作成する方法

商品情報などのデータを他のアプリから取得して、効率的に入力する方法

PDFをダウンロード

過去の購入履歴など、関連情報をアプリから取得して一覧表示する方法

PDFをダウンロード

顧客情報などレコードのデータをコピーして、指定したアプリに登録する方法

承認経路や業務プロセス（ワークフロー）を設定する方法

PDFをダウンロード

アプリの閲覧・編集権限などを制限する方法

PDFをダウンロード

条件や日付に合わせた通知を設定する方法

PDFをダウンロード

ステップ4：アプリの基本的な操作方法を知ろう

アプリの基本的な操作方法について学びましょう。この内容はkintoneの運用を開始した際に、利用する社員の方に使い方を説明する上でも役立つと思います。

アプリにレコードを登録する方法について説明した動画です。ステップ3で紹介した2つの動画の続きです。こちらも実際に手を動かしながら試してみましょう。

- アプリ作成の基本③完成したアプリにデータを入れてみよう

URL https://youtu.be/gAer1ocw04

右記の動画では登録方法のみを説明しているので、その他のデータの編集やコメント機能などの操作は次の資料を参考にしましょう。

- kintone（キントーン）基本操作説明ガイド

URL https://kintone.cybozu.co.jp/material/pdf/kintone_guidebook_vol00.pdff

ステップ5：ユーザーをkintoneに招待してみよう

kintoneアプリの作成が完了し、「いよいよ社員のみんなに使ってもらうぞ！」というタイミングで必要になるのが社内の各メンバーのアカウントを発行し、kintoneにログインできるようにする手順です。動画を参考に追加方法を学びましょう

● 管理者画面から、キントーンを使うメンバーをユーザーとして追加しよう

URL https://youtu.be/BajkRr8BRVI

なお、このヘルプページは各機能の細かい性能を網羅した説明ページなので、ユーザー設定にかかわらず、アプリ作成やレコード登録時に困ったことがあれば、まずこのページ内で解決方法を探すとよいです。

以上がkintoneを学ぶための5つのステップです。最初からすべて理解する必要はありませんし、活用できない機能があっても問題ありません。何度もアプリを作成し、何度もレコードの登録や編集を繰り返し慣れていくものですので、焦らず、諦めず、さまざまな機能を試してみてください。

あとがき（「ものがたり」担当・沢渡あまね）

「kintoneをテーマにした本を執筆していただけないですか?」

シーアンドアール研究所（版元）の担当編集者、吉成さんのそんな一言がきっかけでこの本は生まれました。

実は今回、執筆をお受けしようかどうかかなり悩みました。当時、自分自身はkintoneユーザーではなかった。ましてやkintoneを導入する活動をしているわけでもない。そんな自分がこの本を書くのに相応しいのか?

一方、「kintone Cafe」や「業務ハック勉強会」などのイベントに呼ばれて登壇したこともあり、kintoneおよび業務ハックに大きな可能性と魅力を感じていました。また個人的に「業務ハッカー」なる職種を広めていきたい思いもありました。

私が業務ハッカーの存在を知ったのは、2018年夏。ASCII.jp（角川アスキー総合研究所のWebメディア）の対談企画がきっかけです。

● 業務ハッカーはなぜ必要?　沢渡あまね氏とソニックガーデンが語り合う

URL https://ascii.jp/elem/000/001/746/1746035/

このとき、高木咲希さん（以下「ぎっさん」）と出会い、業務ハッカーについて詳しく知ることになります。私は「これこそ、いまの世の中に必要とされている職種！」と感動しました。業務ハッカーが職種として認知され、業務ハッカーを目指す人が増えてほしいと思い始めました。

そして今回の執筆の打診。

「待てよ。ひょっとしたら、業務ハッカーの認知向上につながるきっかけになるかもしれない」

「kintoneのメリットや使い方だけを解説する本では面白くないし、私が書く理由がない。kintoneをベースにした、業務ハッカーの認知向上や価値向上につながる作品になるのであれば書いてみたい」

そう思い、「業務ハッカーの要素を含められるのであれば」「ぎっさんと共著できるのであれば」を条件に今回の執筆を引き受けました。ソニックガーデンの社長 倉貫義人さんとぎっさん本人も快諾。こうして本作品を皆さまのお目にかけることができています。

私は業務ハッカーとは、エンジニアと事務職の架け橋となり組織を課題解決に導く人だと思っています。

私はエンジニア職（システム運用SE、ITサービスマネージャ）と事務職の両方を経験しています。エンジニアと事務職。ともすれば、同じ社内であっても敵対しがち。

「技術のことがわからないくせに」

「事務を理解していないくせに」

この対立は誰も幸せにしません。どちらも正しいし、どちらも価値がある。しかし、お互いが自分たちの正しさだけを主張していては、壁を作っていては組織の課題は解決しません。お互いの価値を貶めあうだけです。それは組織としても不健全ですし、ビジネスパーソンとしても非常に残念です。

「エンジニアと事務職の間を埋める、〝第3の職種〟が必要だ」

全国の組織を見てきて、私はそう感じていました。そして、業務ハッカーこそその第3の職種であると確信しています。

業務ハッカーは、エンジニア出身、事務職出身、いずれの人もいままでの経験や知見を生かして活躍することができる職種です(もちろん前者は業務に対する理解を、後者はテクノロジーに対する理解を深める必要がありますが)。つまり、出身職種にかかわらず活躍しうる職種なのです。なにより、エンジニアと事務職、どちらの立場にもたつことができる。それ自体が大きな価値をもたらします。

エンジニアと事務職双方がお互いの「当たり前」を疑い、組織本来のゴールに向かって価値を発揮できるよう正しく変わっていく。その成長こそがエンジニアも事務職も、ひいては経営を含む組織全体とそこで働く人たちに幸せをもたらします。皆さんの職場でも、ぜひ業務ハッカーを職種として定義し、積極的かつ計画的な育成を行ってください。業務ハッカーを目指してください。

本書の執筆に当たり、今回も素晴らしい仲間に恵まれました。
ぎっさんとの共著を打診したとき、即答で快諾いただいたソニックガーデン社長の倉貫義人さん。そのスピードにいつも驚かされています。倉貫さんは改善や組織カルチャーをテーマに、全国でトークライブや対談をたびたびご一緒している貴重な友人でもあります。いつもありがとう!

ぎっさん。自ら業務ハッカーであるだけでなく、業務ハッカーの認知向上と普及に向けて走り回っている。そのひたむきな姿に共感し、今回共著者として声をかけました。本作品をともに書くことができたこと、私は大変誇りに思います。感動しました！

プロローグの図表案の作成は、現役エンジニアのｎｏａさんに協力してもらいました。設楽マシーナリーのExcel管理表を中心とした業務がいかに煩雑であるか、リアルに表現していただき感謝しています。優秀なエンジニアは、業務の複雑さやボトルネックを業務部隊の人にわかりやすく説明できる。それは大きな価値であると、改めて実感しました。素晴らしい！

そして、きっかけを作ってくださったシーアンドアール研究所の吉成さん。もちろん、執筆中も的確なアドバイスをくださり、おかげで私たち著者はアウトプットに集中できています。ありがとうございます！

本書が業務ハッカーという新しい職種の認知向上につながれば、本書を通じて一人でも多くのエンジニアあるいは事務職の皆さんが業務ハッカーを目指してくれたら私は幸せです。

あ、こういうのは「名乗ったもの勝ち」かもしれません。あなたも、今日から業務ハッカーを名乗ってみてはいかがですか？　そこから組織を越えたつながりと広がり、そしてあなた自身と組織のセイチョウがはじまります。

Be a good 業務ハッカー, and good collaborator with kintone!

2020年7月　太田川ダム（遠州森町）のあずま屋にて

沢渡　あまね

あとがき（解説担当・高木咲希）

私が業務ハッカーとしてお客様の業務ハックに携わったのは入社して2年目のことです。当時の私は、kintoneは覚えたて、「経費申請」や「休暇申請」など一般的な業務知識も乏しい、業務ハッカーとしては頼りない存在でした。

そんな私でもなんとか進めていくことができたのは、なにより、現場をよく理解しているお客様との二人三脚での業務ハックだったからだと感じています。業務内容を丁寧に説明していただき、また、現場の声、「この手順では難しそうです」「ここが見づらいそうです」といった意見を集めてくださったことで利用者のためのkintnoeに作り込んでいけたように思います。

この経験は私にとって特別で、お客様からの感謝を間近で感じられる業務ハックという仕事へのやりがいを得たと同時に、業務ハックを進めている人が孤立しやすい環境にいることへの課題を抱くきっかけになりました。

今思い返しても、一緒に進めてくださった担当の方は力のある業務ハッカーだったと思います。そんな方がなぜ私を必要としてくれていたのか、きっと「相談相手」が欲しかったのだと思います。

一緒に考えてくれる人や、さまざまな観点からフィードバックをくれる人、改善案を良いと言ってくれる人に、うまくいかなかったときに一緒にふりかえってくれる人、そんな存在がいることはとても心強いです。

ですが、実際の現場では業務改善を片手間の仕事で担っている場合も多く、一人で悶々と作業を行ってる方も多いようです。

「kintone使い始めたんですが、自分たちで開発できなくて……」

「私がアプリを作っているんですが、この方法で正しいかどうかわからなくて……」

業務ハックの仕事をしてるとこのような相談を受けることがとても多いです。

そのたびに私は「十分良いアプリ作れてるよ！」と思いますし、悩んでいることを残念に思ってしまいます。

話は変わりますが、kintoneのイベントへお客様を誘って参加したことがあります。

イベントから帰る途中、何気なく感想を尋ねたところ

「みんな試行錯誤しながら進めてるんだね。失敗して良いんだってことがわかった」

という回答が返ってきて「なるほど！」と感じたことがあります。

kintoneの特徴である「何度でも変更や作り直しが可能」という点が業務ハックを行う人にとっての安心感につながるということに気づいた瞬間でした。

業務ハックは業務の課題を解決するために行うのであり、その解決方法がさまざま存在するクリエイティブな仕事だと思っています。「できている・できていない」「正しい・間違っている」で判断するのはもったいなくて、「このやり方も良い、でももっと良い方法も検討してみよう」が業務ハックを前向きにすすめていくコツかもしれません。

押し付けがましい話になりますが、私は業務ハックという分野がとても面白いと思っています。知識や技術力が増えることで、改善の幅が広げられる奥深さがあります。これはkintoneにも共通していえることで、kintoneは「簡単」が強調されていることで誤解を招く場合があるのですが、決して「単純」ということではありません。学習を深め、経験を重ねることで活用の幅をどんどん広げられる面白さがあります。

本書がkintoneや業務ハックで二の足を踏んでいる方への、一歩を踏み出すきっかけとなる一冊になれば嬉しいです。

最後に、本書を執筆するに当たりご協力頂きました皆様に謝辞を述べさせてください。

シーアンドアール研究所　吉成さん

このたびは貴重な機会をいただきありがとうございました。kintoneをテーマにした書籍を企画していた中で、「業務ハック」という聞き慣れていないであろうキーワードを組み合わせた内容で書かせていただけたこと、大変、有り難く思っております。また、執筆中さまざまな面でサポート頂けたこと感謝しております。ありがとうございました。

沢渡あまねさん

本書執筆にあたりお声掛け頂けたこと有り難く思っています。業務ハックをはじめたてのころ、何を学べばお客様の課題を解決できるのか、右も左も分からない中で私が頼りにしていたのは沢渡さんの書籍でした。チームで進める業務改善を描いている点に惹かれ何度も読み込み、迷ったときには今でも戻ってくる私の業務ハックバイブルになっています。

そんな沢渡さんに「業務ハック」であり「業務ハッカー」という考え方の後押しをしていただけたことは本書を執筆するにあたり大きな励みになりました。ありがとうございました。

業務ハックの師匠　藤原さん

業務ハックで大切なことや、最近の業務ハックの学びなど、執筆するにあたってたくさんの情報を共有していただき、ありがとうございました。私が藤原さんから学んだことが少しでも皆さんのお力添えになれば嬉しいなと思っています。

弊社業務ハックチームの皆さん

本書はみんなの事例や、みんなと普段話している内容を参考にさせていただいたものばかりです。みんなの実績なしには書けない書籍だったと思います。いつもたくさんの学びをありがとうございます！

土日返上でサポートいただいた倉貫さん

書きたい内容がうまくまとまらなず、悪戦苦闘する私に声をかけてくださり、ありがとうございます。「ここはどういうことなの？」とつっこみを入れていただく中で、改めて業務ハックについて考え直す機会になりました。一人で書いているときは不安が多かったですが、倉貫さんからつっこみをいただいてから、そこに応える楽しみが出てきました。楽しく進められたのは倉貫さんのお陰です。ありがとうございました。

改めて、皆さま、本当にありがとうございました。

2020年7月

高木　咲希

■著者紹介

沢渡（さわたり）　あまね

作家／ワークスタイル&組織開発専門家。『組織変革Lab』主宰。DX白書2023有識者委員。

あまねキャリア株式会社CEO ／株式会社NOKIOO顧問／浜松ワークスタイルLab所長／国内大手企業 人事部門顧問ほか。

日産自動車,NTTデータなどを経て現職。400以上の企業･自治体･官公庁で,働き方改革,組織変革,マネジメント変革の伴走・講演および執筆・メディア出演を行う。

著書は『新人ガール ITIL使って業務プロセス改善します!』『新入社員と学ぶ オフィスの情報セキュリティ入門』『ドラクエに学ぶチームマネジメント』『運用☆ちゃんと学ぶシステム運用の基本』（シーアンドアール研究所）、『職場の問題地図』『新時代を生き抜く越境思考』『どこでも成果を出す技術』『バリューサイクル・マネジメント』『仕事ごっこ』『業務デザインの発想法』（技術評論社）ほか多数。尊敬する人は兼好法師。

趣味はダムめぐり。#ダム際ワーキング 推進者。

◆あまねキャリア
https://amane-career.com/

◆Twitter
@amane_sawatari

高木 咲希（たかぎ さき）

1992年生まれ。愛知県出身
『納品のない受託開発』という月額定額の顧問スタイルでシステム開発を提供する、株式会社ソニックガーデンに勤務。

業務改善の分野を推進するプログラマとして「業務ハッカー」と名乗り活動している。

業務ハックを広げることで、楽しく仕事ができる人を増やすこと、また、業務ハッカー自身が楽しく業務ハックできる環境を作っていくことがミッション。

現在は地元の愛知県にて、大好きな愛犬2匹と共にリモートワークを満喫中。

◆株式会社ソニックガーデン
https://www.sonicgarden.jp/

◆取材記事
『ソニックガーデン初の女性プログラマは、業務改善の現場改革に挑む挑戦者だった!』
〔https://www.sonicgarden.jp/201908_interview_takagi〕

『業務ハッカーはなぜ必要？　沢渡あまね氏とソニックガーデンが語り合う』
〔https://ascii.jp/elem/000/001/746/1746035/〕

◆Twitter
@gi__3

◆運営するコミュニティ『業務ハック勉強会』
https://gyomuhackers.connpass.com/

◆ブログ
https://note.com/gyomuhackers

編集担当 ： 吉成明久 / カバーデザイン ： 秋田勘助（オフィス·エドモント）

はじめてのkintone～現場のための業務ハック入門

2020年9月1日　　第1刷発行
2024年4月9日　　第5刷発行

著　者　沢渡あまね、高木咲希

発行者　池田武人

発行所　株式会社　シーアンドアール研究所
新潟県新潟市北区西名目所 4083-6(〒950-3122)
電話　025-259-4293　FAX　025-258-2801

印刷所　株式会社　ルナテック

ISBN978-4-86354-319-5 C3055